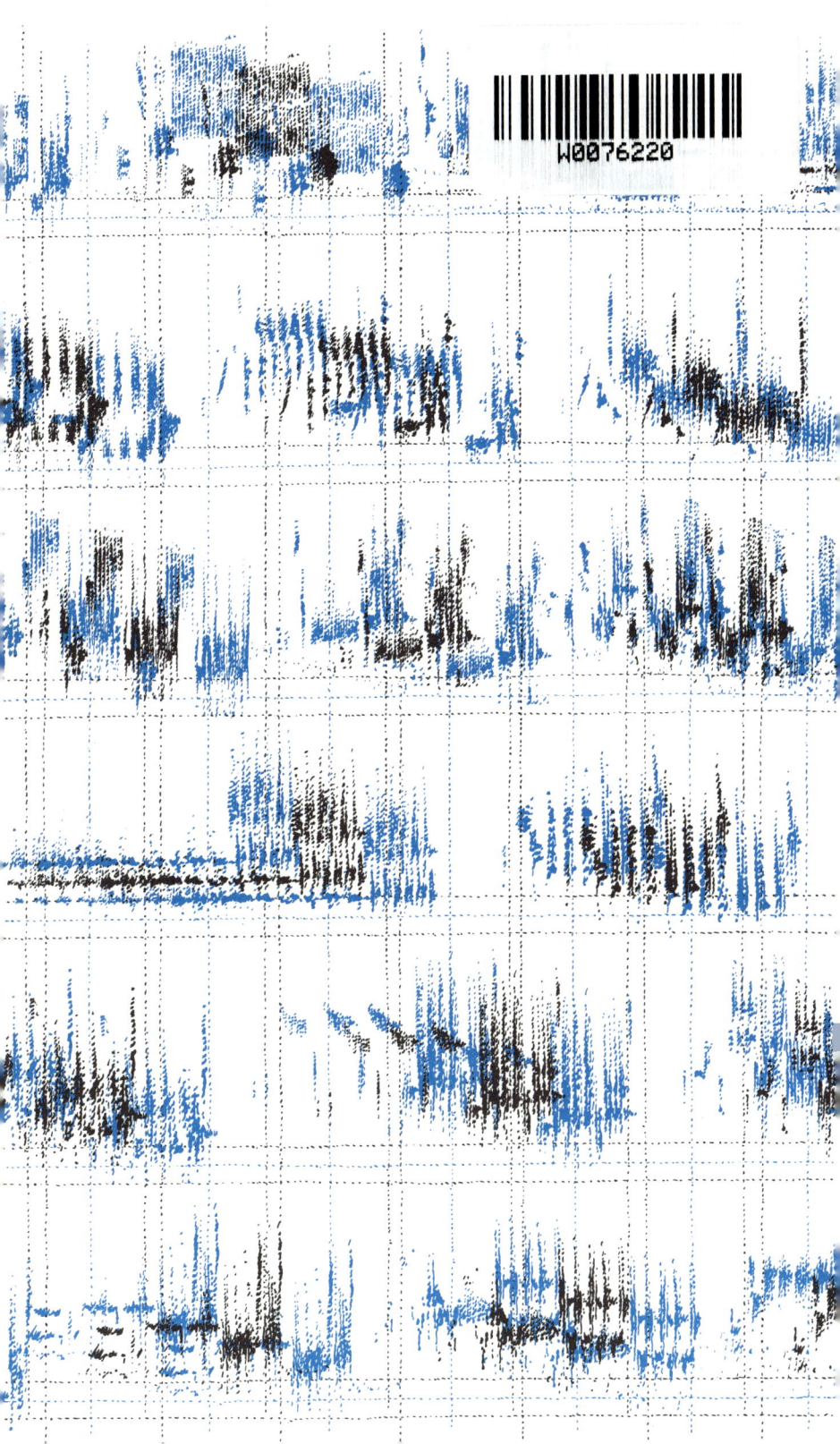

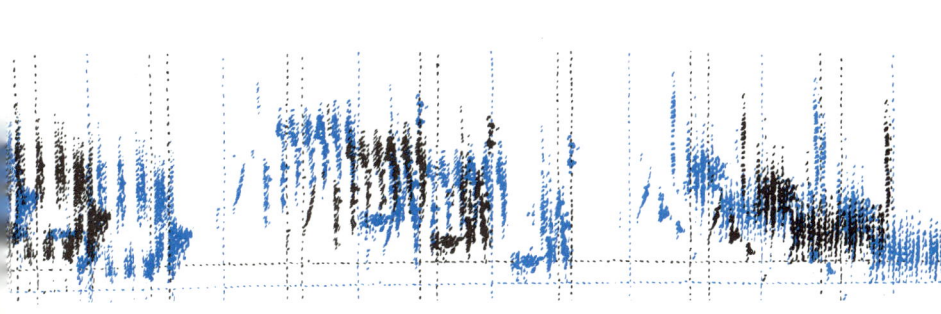

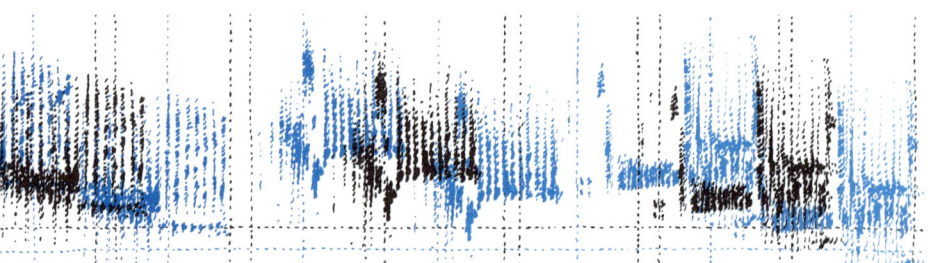

Eigentlich ist die Nachtigall ein unscheinbarer kleiner, brauner Vogel. Von Aussehen, Gewicht, Verhalten eher durchschnittlich. Doch wenn die Männchen in lauen Frühlingsnächten zu singen anfangen, dann schlagen die Herzen der Verliebten ebenso höher wie die der Ornitholog:innen. Denn der Gesang der Nachtigall ist alles andere als Durchschnitt und stellt in seiner Komplexität mit sage und schreibe zweihundert verschiedenen Strophentypen den anderer Singvögel komplett in den Schatten. Doch was singt die Nachtigall eigentlich und warum? Und was hörten Generationen von Dichtern und Komponisten in ihrem Gesang? Die Biologin Silke Kipper geht in ihrem Buch dem Nachtigallgesang und unserer Faszination dafür auf den Grund.

Prof. Dr. Silke Kipper beforscht die Nachtigall seit mehr als zwanzig Jahren. Sie studierte Biologie mit anschließender Promotion an der Freien Universität Berlin, mit besonderem Augenmerk auf der Frage, wie und welche Informationen Tiere über Gesänge, Rufe und andere Lautäußerungen austauschen. In vielen durchwachten Frühlingsnächten widmete sie sich ihrer speziellen Forschungsleidenschaft, der Nachtigall, und deren betörendem Gesang. Kipper lebt mit ihrer Familie in der Prignitz in Brandenburg.

Silke Kipper

DIE NACHTIGALL

Ein legendärer Vogel und sein Gesang

Mit Illustrationen von Nils Hoff

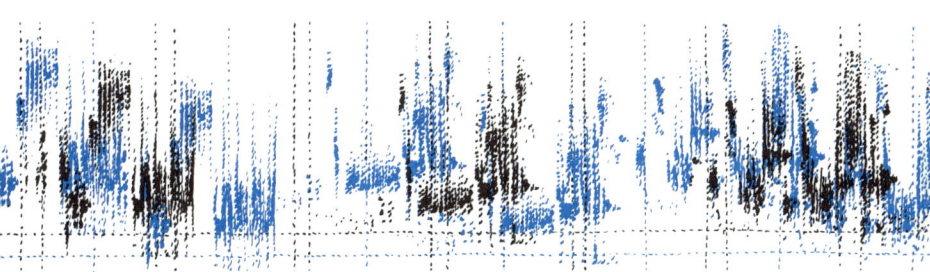

Insel Verlag

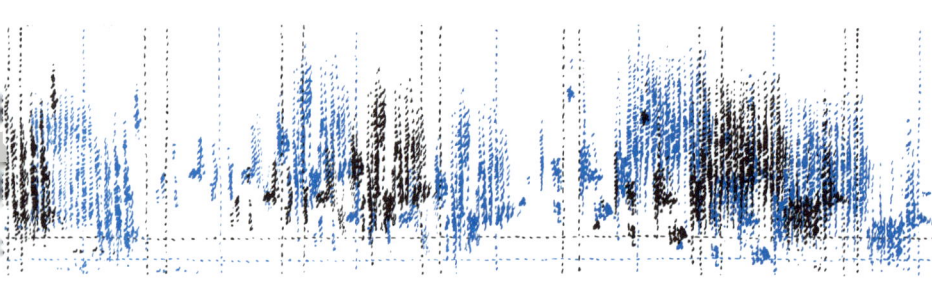

Erste Auflage 2022
Originalausgabe
© Insel Verlag Anton Kippenberg GmbH & Co. KG, Berlin, 2022
Alle Rechte vorbehalten. Wir behalten uns auch eine Nutzung
des Werks für Text und Data Mining im Sinne von § 44b UrhG vor.
Umschlaggestaltung: Designbüro Lübbeke, Naumann, Thoben, Köln
Umschlagillustration: Nils Hoff, Berlin
Druck: CPI books GmbH, Leck
Dieses Buch wurde klimaneutral produziert.
ClimatePartner.com/14438-2110-1001
Printed in Germany
ISBN 978-3-458-64288-6

www.insel-verlag.de

DIE NACHTIGALL

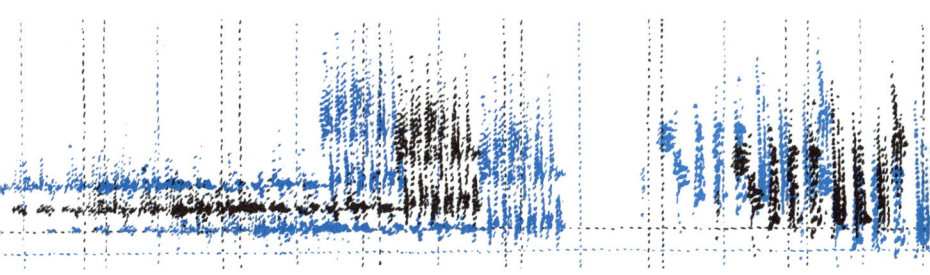

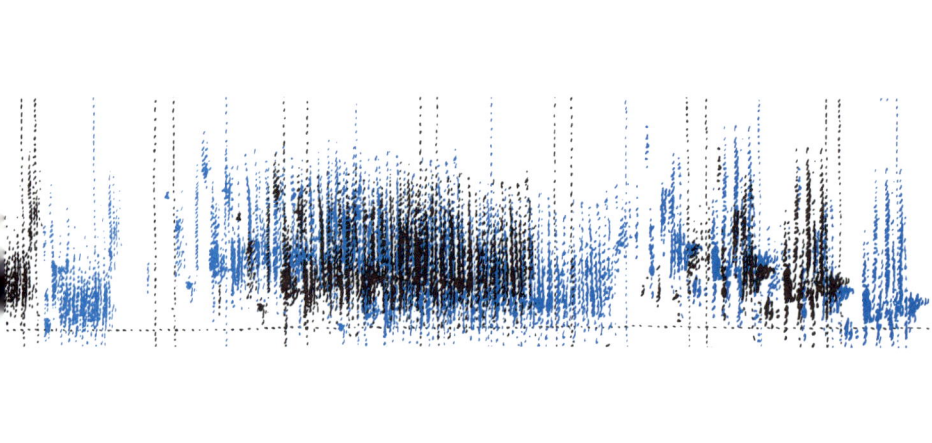

INHALT

III.
NACHTIGALL UND MENSCH   113

Einleitung –
Wie ich auf die Nachtigall kam

»Tiuu tiuu tiuu tiuu, Spe tiu zqua. Tio tio tio tio tio tio tio tix. Qutio qutio qutio qutio, Zquo zquo zquo zquo; Tzü tzü tzü tzü tzü tzü tzü tzü tzü tzi. Quorror tiu zqua pipiqui. Zozozozozozozozozozozo Zirrhading …« Und so weiter und so weiter …

Die ganze Nacht lang. So singt sie, die Nachtigall. Vielmehr, so oder so ähnlich versuchten Generationen von Vogelkundlern (in diesem Fall Johann Matthäus Bechstein 1789), ihren Gesang schriftlich festzuhalten.

Jahrhunderte später leben wir im Zeitalter des Glaubens an quantifizierte Daten als Maß aller naturwissenschaftlichen Dinge und gesangskundige Ornitholog:innen würden den Gesang der Nachtigall eher so beschreiben: Der vielseitige Gesang eines Männchens besteht aus durchschnittlich einhundertachtzig verschiedenen Strophentypen. Dabei werden identische Strophen nicht direkt hintereinander wiederholt, aber die Abfolge der Strophen unterliegt dennoch bestimmten Ordnungsprinzipien. Die etwa vier Sekunden dauernden Strophen wechseln mit etwa ebenso langen Pausen ab. Eine Strophe besteht zumeist aus einem variablen Anfangsteil und einem aus wiederholten Elementen bestehenden Trill oder Schlag, der häufig von einem kontrastierenden finalen Element beendet wird …

Klingt ähnlich unpassend wie *Zozozozo Zirrhading*?

Um die vielleicht beste Botschaft dieses Buches schon vorwegzunehmen: Wissenschaftlich vollständig ergründet oder gar entzaubert ist der Nachtigallgesang noch lange nicht. Er bleibt einstweilen akustischer Sehnsuchtsort und Projektionsfläche. Das gilt auch für mich, obwohl diesem Gesang und dem Liebesleben der Nachtigall zwanzig Jahre lang meine ganze wissenschaftliche Aufmerksamkeit galt. Erst die Nachtigall hat mich zur begeisterten Naturkundlerin gemacht.

Ich bin ein Kind der großen Stadt. Zwar fuhren wir mit der Familie an jedem Wochenende auf die Datsche außerhalb Berlins in unmittelbarer Wald-, Feld- und Seenähe, doch die Liebe zur echten, wilden Natur weckte das nicht. Natur kam nicht wild, sondern in von Menschen geordneten Verhältnissen daher. Dass die brandenburgische Kiefernmonokultur nicht der ›Inbegriff‹ eines Waldes ist, verstand ich erst als Biologiestudentin.

Die Spatzen und Tauben in der Stadt sahen allzu schmuddelig und verwahrlost aus, um gemocht zu werden, und meine in den Kinderhygiene-gläubigen Siebzigern erziehenden Eltern warnten ohnehin vor jedem Kontakt mit lebenden oder toten Vögeln oder Teilen davon. Bis heute kann ich – wider besseres Wissen – ein ungutes Gefühl nicht ganz abstellen, wenn Kinder begeistert Federn aufsammeln. Mein Verhältnis zu Federtieren war pragmatisch: ich konnte einen Broiler zerlegen und liebte meine Daunendecke. Aber auf Vogelstimmen achten oder sie gar zuordnen können? Fehlanzeige!

Als meine Eltern uns im Schulalter endlich den Wunsch nach einem Haustier erfüllten, zog bei uns eine Reihe putziger Hamster ein, die im Monatstakt verstarben. Schließlich kam Kleinpapagei Bobbie, ein Rosenköpfchen, ins Haus. Die gehören zu den sogenannten »Unzertrennlichen«. Wie der Name schon sagt, eine Vogelgattung, die extrem sozial ist und unbedingt einen Partner braucht. Das wussten wir wohl nicht. Bobbie war Single. Er wurde viele Jahre alt, aber nie zahm, und sein kräftiger Schnabel verursachte blutende Wunden, wenn meine Mutter ihn in den Transportkäfig steckte. Erst später begriff ich, dass der arme Kerl vermutlich der einsamste Vogel unter der Sonne war. Er hat so viel Krach gemacht, dass sich der sensible Nachbar im hellhörigen Plattenbau ständig beschwerte. Auch Bobbie brachte mich dem Wohlklang des Vogelgesangs nicht näher.

Wann sich meine persönlichen Leitsätze im Umgang mit Tieren entwickelten, weiß ich nicht mehr. Sie lauten: ›Nicht anfassen, nur gucken‹ und ›Der Abstand zwischen einem Tier und mir wird vom Tier bestimmt‹. Während des Biologiestudiums waren diese Verhaltensregeln jedenfalls bereits geformt. Sie brachten Freundinnen mit Schweinebürsten-, Affenfüttern- und Delphinstreicheln-Neigungen manchmal zur Verzweiflung. Erst im Berufsleben als Biologin biss ich in den sauren Apfel der Erkenntnis und akzeptierte, dass wissenschaftlicher Erkenntnisgewinn mitunter auch das »Anfassen« und »Annähern« nötig macht.

Wie konnte unter diesen Voraussetzungen eine Verhaltensbiologin aus mir werden? Wie so oft entschied der Zufall. Im ersten Semester des Hauptstudiums waren die Kurse, die mich interessierten, sofort ausgebucht – auch alle anderen wollten den Elektronenmikroskopierkurs oder die Teneriffa-Exkursion belegen. Das Los entschied, und ich landete in einem Moosbestimmungskurs und einem zur Bioakustik der Nachtigall. Während der Moosbestimmungskurs keine sichtbaren Spuren hinterlassen hat, weckte die Bioakustik irgendetwas in mir. Bioakustik – was war das denn jetzt wieder? Und eine Nachtigall meinte ich noch nie gehört zu haben. Doch wohl nicht in Berlin!

Und damit begann das Abenteuer. Unsere Dozentin nahm uns mit auf den Berliner Teufelsberg, um Nachtigallgesänge aufzunehmen. Nachts, versteht sich. Erlebnisse mit Wildschweinen, Nachtbus-Fahrern und dem Wachpersonal der damals noch intakten riesigen Radaranlage dort fühlten sich mindestens so abenteuerlich an wie Jane Goodalls Schimpansen-Feldforschungen im Dschungel. Ich erlag also nicht dem melodischsehnsuchtsvollen Gesang, sondern einem Forschungsplot und einem Image.

Feldforschung sollte es sein, nachts und mitten in der Großstadt! In meiner ornithologischen Naivität machte ich selbstverständlich allerhand Anfängerfehler – etwa, als ich begeistert eine Nachtaufnahme machte und sie Henrike stolz als ›Balzgesang‹ einer Nachtigall präsentierte, denn sie hatte uns erklärt, dass die Männchen bei direkter Anwesenheit eines Weibchens zarter und weniger strukturiert singen, dieser Gesang aber kaum je aufgenommen wurde. Es war dann doch nur ein nachts flötendes Rotkehlchen. Ich denke mit Nachsicht an diese Episode angesichts meiner eigenen Studierenden, die zum Nestersuchen eine Leiter mitnehmen wollten oder versehentlich Playbacks mit Amseln statt Nachtigallen machten. Expertise entsteht erst mit der Zeit! Es dauerte sehr viele Jahre, bis mir schon ein einmaliges leises kurzes *Klick* oder *Huit* zur sicheren Detektion einer Nachtigall ausreichte.

Die Methode des Aufnehmens und Analysierens von Tierlauten begeisterte mich zudem in ihrer Kultiviertheit. Man musste die Tiere nicht einfangen oder aufschneiden. Stattdessen ging es so einfach: Man hielt sein Mikrofon mit Aufnahmegerät in die Natur. Oder noch besser: Man konnte es einfach liegen lassen. Mitten in der Stadt! Dinge, die Menschen nicht zu sehen erwarten, bleiben auf wundersame Weise unsichtbar. Später lud man die Aufnahmen auf einen Computer und setzte sie in Spektrogramme um – jedes Geräusch, jede Strophe wurde so zu einem Bild von wiederum ganz eigener Ästhetik. Da konnte man Muster wiedererkennen, Dauer und Frequenzen messen … ein Daten-Traum!

Die Mitte der Neunziger gerade aufkommende Möglichkeit der digitalen Übersetzung von Klängen in Bilder erlaubte auch einem stark visuell orientierten Menschen wie mir den Zugang zu einem Forschungsfeld, das versucht, die Sprache der Tiere

zu verstehen. Ich wollte und will noch heute begreifen, warum diese kleinen braunen Vögel so viele verschiedene Gesänge singen. Um die hundertachtzig Strophen beherrscht ein Männchen, und die werden alle erlernt. Vom Vater. Oder von den anderen Männchen in der Nachbarschaft. Vorerst interessierte mich allerdings mehr, was die Nachtigallmänner mit ihrem Gesang mitteilen wollen – und wem genau. Und warum die Weibchen wohl bis auf einige Rufe stumm bleiben.

Wer an von Menschen dicht besiedelten Orten mit Mikrofon und Fernglas steht, um Tiere zu beobachten, der bekommt Kultur- und Alltagsgeschichte gratis dazugeliefert. So war auch meine Forschung von unzähligen Nebengeräuschen begleitet: Ich diskutierte nachts im Park mit einem Polizisten darüber, wie er die Nachtigall vor seinem Schlafzimmerfenster vertreiben könne und ob das erlaubt sei. Am Tag verdächtigten die Damen vom Ordnungsamt unser Feldteam der Suche nach einem entlaufenen, nicht angeleinten Hund oder sogar der Beobachtung kleiner Kinder. Die Dealer am Bahnhofseingang fühlten sich ebenfalls ungut ins Visier genommen, verstanden aber schnell, dass sie nicht im Fokus unserer Ferngläser standen. Wir entschieden uns für eine friedliche Koexistenz.

Ich erlebte einen Saxophonspieler aus den USA, der meinte, dass Nachtigallen mit ihm und seinem Instrument kommunizierten. Gut möglich – aber warum musste er ausgerechnet mit dem Männchen jammen, für das wir in jener Nacht ein individuell zugeschnittenes Playback-Experiment vorgesehen hatten? Das Experiment war im Eimer, die Nacht vertan.

Ich beantwortete dutzendmal die Frage, ob es in Berlin überhaupt Nachtigallen gibt. Und ich diskutierte immer wieder, warum Menschen eigentlich wissen wollen, wie Tiere kommunizieren. Manche dieser Diskurse mündeten in erstaunlichen Seitenwegen. Eine Soziologin forschte darüber, wie in unserer Forschung die Technik den Ton angibt. Und eine Linguistik-

Arbeitsgruppe begeisterte sich dafür, nach welchen Prinzipien wir unsere Nachtigallen benennen und wie wir diese Namen anwenden. Die Beforschung der Forschung.

All diese Episoden illustrieren, wie sich in meinen Jahren mit der Nachtigall auch Wissen zur eigentümlichen und besonderen Rolle, die ihr Gesang für viele Menschen spielt, anhäufte. Angeregt davon, begann ich, mich mehr und mehr auch für die Geschichte der Nachtigall als »Sehnsuchtsvogel« zu interessieren.

Und dann bin ich doch wieder froh, wenn die Gesangssaison im Frühjahr losgeht. Wenn ich mit Kolleg:innen im April nachts draußen sitze, um die ersten Nachtigallen des Jahres zu hören und aufzunehmen.

Als Wissenschaftlerin hatte ich das Privileg, das Leben einiger Nachtigallmännchen im Berliner Treptower Park über viele Jahre zu verfolgen. Nicht zuletzt von den Erkenntnissen, die ich ihnen verdanke, soll in diesem Buch die Rede sein.

Dabei geht es zunächst um den Lebenslauf der Nachtigall. Der ist schnell erzählt im Vergleich zu dem, was über menschliche Nachtigall-Deutungen zu berichten ist. Schon die Namensgebung der Vogelart zog sich über Jahrhunderte hin. Und mancherorts schwärmten die Leute vom Nachtigallgesang, hörten aber tatsächlich ganz andere Vögel singen.

So viel Ehre, so viel Ballast wäre dem unscheinbaren braunen Vogel wohl nie angehängt worden ohne sein »Alleinstellungsmerkmal«: seinen Gesang. Für wen singen denn die Herren Nachtigall nun? Und wer hört zu? Wie schaffen sie es, knapp zweihundert Strophen zu lernen? Dreht die Evolution hier frei? Häufig ist es gar nicht nur *ein* Männchen, das in der Stille der Nacht vor sich hin flötet – Nachtigallen messen sich gesanglich miteinander auf eine Art, die durchaus an einen Sängerstreit oder an Rap-Battles erinnert. Und damit sind wir wieder bei der menschlichen Deutung des tierischen Treibens.

Die Nachtigall war und ist Protagonistin in der Volkspoesie und generell Projektionsfläche für Literaten. Was so verzaubert, das weckt Sehnsucht danach, es zu besitzen – und so muss auch von Nachtigallenjagd, -handel und -besteuerung berichtet werden. Was macht denn den Gesang der Nachtigall überhaupt so wohlklingend für das menschliche Ohr? Reichlich Beispiele lassen sich für unbekümmerte Interpretationen nachtigallischen Singens quer durch die Musikgenres finden, ebenso wie Versuche, dessen musikalische Quintessenz naturnah zu vertonen. Letztlich bleibt die Aufzeichnung von Nachtigallstrophen per Notensystem wohl ähnlich unbefriedigend wie die per Sprachsilben. Alternativ gab es Versuche, den Gesang nicht ›aufzuschreiben‹, sondern einfach beständig verfügbar zu machen. Singt die eingefangene Nachtigall im Käfig? Oder soll's doch lieber gleich ein Automat sein? Einen Versuch schien es wohl wert.

Wenn Sie beim letzten Kapitel des Buches angelangt sein werden, geben Sie Ihren vor Verwunderung, Zweifeln oder stellenweise auch Entsetzen hochgezogenen Augenbrauen eine Pause. Gehen Sie vor die Tür und versuchen Sie, den kleinen braunen Vogel mit dem bezaubernden Gesang da zu hören, wo er hingehört. Draußen, in der Natur. Gern auch mitten in der Großstadt.

I.

LUSCINIA UND PHILOMELE –
EIN STECKBRIEF

In diesem Kapitel geht es noch nicht um den Gesang der Nachtigall. Auch wenn das bedeutet, die Nachtigall ihres »Alleinstellungsmerkmals« zu berauben. Denn das Aussehen, die Biologie, der Lebensverlauf, das Brutverhalten, einfach alles an der Nachtigall jenseits des Gesangs scheint »durchschnittlich« und mittelmäßig im Vergleich zu anderen Vogelarten.

Wie viele Nachtigallen gibt es eigentlich? Erfreulicherweise hat der Bestand in Deutschland in den letzten Jahrzehnten wieder zugenommen. Auf sehr grob geschätzt 120 000 Brutpaare kam man bei den Zählungen 2011 bis 2016. Das Vorkommen der Nachtigall ist demnach weder besonders häufig noch besonders selten – in der Häufigkeitsliste der Singvögel belegt die Nachtigall Platz 51 von 117 der in unserem Land brütenden Singvogelarten. Es gibt viele Arten, die deutlich häufiger sind, sich aber in der Gunst der Vogelfreund:innen und -kenner:innen längst nicht so großer Beliebtheit erfreuen. Oder würden Sie auch ein Buch über die Haubenmeise, die Heckenbraunelle oder den Neuntöter lesen? Nicht, dass diese Arten nicht ebenso spannende Erkenntnisse bereithielten. Doch der Gesang ist es und unsere Zuschreibungen, die der Nachtigall einen Platz weit oben in der Bekanntheits- und Beliebtheitsskala der Vögel beschert. Doch bleiben wir zunächst noch bei ihren anderen Merkmalen.

Die Entstaubung
der Artenkommode

Zur systematischen Einordnung der Nachtigall holen wir zunächst vor unserem inneren Auge eine riesige Kommode mit unzähligen Schubladen für die einzelnen Arten hervor, die von Naturkundler:innen jahrhundertelang gefüllt wurde. Dank Darwin sowie seinen Vorgänger:innen und Nachfolger:innen haben wir eine grundlegende Vorstellung davon, wie die Schubladen geordnet werden müssen und dass es die Evolution und nicht Gott war, die die Kommode überhaupt mit Arten gefüllt hat.

Obwohl die »Kommode« hier als Gedankenbild dient, hat sie tatsächlich Gegenstücke in der realen Welt. Die systematische Unterscheidung und Einordung von Tierarten anhand ihrer Merkmale hat Zigtausende Schubläden weltweit gefüllt. Viele Generationen von Forscher:innen und Sammler:innen haben in naturkundlichen Sammlungen und Museen ungezählte »Bälge« zusammengetragen, also Präparate von Tieren, teils Hunderte von Jahren alt. Darunter sind auch viele präparierte Nachtigallen. Was den meisten Besucher:innen solcher Sammlungen nicht bekannt ist: die allerwenigsten dieser Exemplare sind »hübsch« mit Glasaugen in möglichst natürlicher Positur für die öffentliche Zurschaustellung aufbereitet. Die meisten Bälge liegen tatsächlich in schmalen Schubkästen getrocknet und der Länge nach gestreckt. Sammlungen brauchen Platz.

Nachdem die ökologischen Zusammenhänge immer stärker in den Fokus biologischer Forschung gerieten, begann die Systematik-Kommode einzustauben. Die starren Schubladen bildeten so gar nicht die vielfältigen Beziehungen und Verbindungen im echten Leben ab. Die Rolle einer Art im Ökosystem rückte nun in den Fokus, nicht so sehr ihr wissenschaftlicher Name und ihre Abgrenzung von nahe verwandten Arten. Letztlich hätte die Ökologie die Systematik vielleicht aus dem Zentrum des biologischen Forschens und Denkens in eine Ecke verbannt. Die gänzliche Abschaffung drohte dann plötzlich aus einer ganz anderen biologischen Fachrichtung: In der zweiten Hälfte des vergangenen Jahrhunderts wurden leistungsfähige Verfahren zur DNA-Sequenzierung entwickelt. Es wurde möglich, den DNA-Code eines Individuums zu entschlüsseln. Entsprechend ließ sich nun auch die Forschung zur Ähnlichkeit oder eben Abgrenzung von Arten genetisch betreiben. Dieser Logik des Sequenzierens folgend, konnte nun für jede Art ein genetischer Barcode erstellt werden. Würde bald eine digitale Sammlung von genetischen Barcodes die Systematik repräsentieren?

Als die Wissenschaft in ihrer Einordnung der Arten weiter vorangekommen war, machte sich eine neue Erkenntnis breit: Bei vielen Arten gab es zu den Bälgen und Barcodes gar keine lebenden Entsprechungen in der Natur mehr! Willkommen im Zeitalter des Anthropozän. Inzwischen braucht es keine wissenschaftliche Fachkenntnis mehr, um zu verstehen, dass die Bedingungen für das Leben auf der Erde sich durch das Wirken des Menschen für ALLE rasant verändert haben und dies weiter tun. Um diese Prozesse zu beschreiben, um das vorhandene erhaltens- und schützenswerte Potenzial der Arten aufzuzeigen, wurde die Biodiversitätsforschung ins Leben gerufen. Hier reichen sich die verschiedenen biologischen Disziplinen die Hand: es geht um die Katalogisierung des Lebens auf der Erde – und die Kommode rückt wieder ins Rampenlicht.

Wo werden wir nun die Nachtigall finden? Auf jeden Fall müssen wir in der Abteilung für Wirbeltiere (Merkmale: Skelett aus Knochen mit Schädel und Wirbelsäule) nachsehen. Wir gehen an den Fischen, Lurchen und Reptilien vorbei und landen – wie könnte es anders sein – bei der Klasse der Vögel (Merkmale: Federn, eierlegend). Hier müssen wir nicht lange suchen, sondern können die Nachtigall der größten Ordnung zuschlagen, den »Sperlingsvögeln« oder *Passeriformes*, Unterordnung »Singvögel«. Das ist bislang alles wenig überraschend. Doch auch innerhalb der Singvögel hat die molekulargenetische Codierung zu allerlei Neusortierungen geführt.

Während ich in meinen ersten wissenschaftlichen Arbeiten über die Nachtigall die Art noch der Familie der *Turdidae*, also der Drosseln, zuordnete, muss ich sie seit der Publikation einer Studie voller molekularbiologischer Daten und Stammbäume im Jahr 2010 nun den *Muscicapidae*, also den Fliegenschnäppern, zuordnen. Und schon ergibt sich ein neues Problem: Auch wenn molekulargenetische Daten die Zugehörigkeit der Nachtigall zur Schnäpper-Familie erweisen, ist das aus nahrungsökologischer Sicht Unsinn. Denn die Nachtigall schnäppert nicht, sie fängt ihre Nahrung nicht im Flug! Man hätte also streng genommen mit der Neuordnung auch den Familiennamen ändern müssen.

Im Rahmen dieser familiären Umsortierung blieb wenigstens die Zuordnung der am nächsten verwandten Arten der Nachtigall zur selben Gattung erhalten. Auch Blaukehlchen und Sprosser aus dem engsten Verwandtschaftskreise gehören weiterhin zur Gattung *Luscinia*, jetzt eben innerhalb der Familie *Muscicapidae*.

Als wäre das alles nicht genug des Klassifizierens, gibt es dann auch noch innerhalb der Art »Nachtigall« geographische Variationen. Streng genommen beziehe ich mich in diesem Buch ausschließlich auf die Unterart *Luscinia megarhynchos megarhynchos*, die in Europa, Nordwestafrika und der westlichen Türkei brütet. Sie unterscheidet sich in subtilen Gefiedermerkmalen, in Gesangsdetails und in den Zugrouten von *Lus-*

cinia megarhynchos africana (in eher westlichen Teilen Asiens lebend) und *Luscinia megarhynchos golzii* (in Zentralasien bis in die Mongolei lebend). Man möchte sofort die Koffer packen!

Der Name der Nachtigall –
Namenskunde und Interpretationen

In Dichtung und Poesie, aber auch in alten naturkundlichen Traktaten taucht die Nachtigall immer wieder als Philomele oder Philomela auf. Philomele führt uns direkt in die griechische Antike, denn natürlich fehlt die Nachtigall auch in deren Mythologie nicht. Die Geschichte ist allerdings gar grausig. Philomele oder Φιλομήλα wurde von Tereus, dem Mann ihrer Schwester Prokne, vergewaltigt. Als wäre das nicht schon grausam genug, schnitt er ihr auch noch die Zunge ab, damit sie das Verbrechen nicht verraten konnte. Doch die Untat kommt ans Licht, denn Philomele webt Hinweise auf das Geschehene in ein Gewand ein und lässt Prokne so wissen, was ihr angetan wurde. Aus Rache bringen die beiden Schwestern den gemeinsamen Sohn von Tereus und Prokne, Itys, um und setzen ihn Tereus zum Abendessen vor. Schließlich hat Zeus genug von dem Zwist und verwandelt alle drei in Vögel. Und zwar Tereus in einen Wiedehopf, Prokne in eine Nachtigall und Philomele in eine Schwalbe. Tatsächlich, so war die ursprüngliche Zuordnung. Erst in der Tradierung der Geschichte wurde die Zuordnung der Schwestern vertauscht und nun Philomele zur Nachtigall. Am Anfang der Nachtigall-Namensgebung stand also eine Namensverwirrung. Es sollte nicht die einzige bleiben.

Auch wenn sich Poet:innen gern des klassischen griechischen Namens Philomele bedienen, hat die Nachtigall im modernen Griechisch einen ganz anderen Namen: sie heißt αηδόνι (ausgesprochen etwa *aidonni*), was sich in der Tat auf ein altgriechisches Wort zurückführen lässt – aber eben nicht auf Philomele: Stattdessen bedeutet es »die Singende« oder »die, die hohe Töne produziert«.

Der heute noch als Gattungsname Luscinia gebräuchliche Ausdruck hat ebenfalls Wurzeln in der Antike, im Lateinischen. Schon in den großartigen Tierschilderungen von Plinius dem Älteren, aufgeschrieben im Jahr 70 vor Christus, wird »Luscinia« erwähnt und gewürdigt. Unter den Schriftgelehrten herrscht Einigkeit, dass es sich um ein zusammengesetztes Wort handelt. »Kaum sichtbarer, berühmter Sänger« wird vorgeschlagen, auch eine Umwidmung des Begriffes für »Hain« oder »Hecke« oder eine Herleitung von »Licht« und »singen«. Als gesichert gilt, dass die modernen romanischen Sprachen ihre Bezeichnung für die Nachtigall aus *Luscinia* entwickelten. Dabei klingen doch *rossignol* (französisch), *rossinyol* (katalanisch), *ruiseñor* (spanisch), *rouxinol* (portugiesisch) und *usignuolo* (italienisch) zunächst ganz anders? Folgt man der Argumentation von Henri d'Arbois de Jubainville und anderen Sprachforscher:innen, dann erklärt der Wandel eines einzigen Buchstabens alles. Noch vor dem Mittelalter wurde aus dem »l« ein »r«. So wurde der altfranzösische Name *Lousseignol* (der seinerseits aus *Lusciniola*, der Verkleinerungsform des lateinischen *Luscinia*, entstand) zur heutigen *Rossignol*.

Der deutsche Name der Nachtigall wird im Etymologischen Wörterbuch von Friedrich Kluge aus dem Jahr 1882 so hergeleitet:

Nachtigall F. aus gleichbedeut. mhd. nahtegal, ahd. nahti-gala F.: eine den westgerm. Sprachen gemeinsame Bezeichnung für ›luscinia‹, eigtl. ›Nachtsängerin‹ (zu altgerm. galan ›singen‹); vgl. asächs. nahtigala, ndl. nachtegaal, angls. nihtegale F., engl. nightingale; vgl. Bräutigam.

Des Nachts singend – das leuchtet ein. Vielen Vögeln, und später sogar menschlichen Gesangstalenten, die wohlgefällig sangen, wurde fortan der Name »Nachtigall« verliehen. Als »chinesische Nachtigall« etwa wird eine Vogelart im Deutschen bezeichnet, die zwar zu den Singvögeln gehört und einen wunderschönen Gesang von sich gibt, die jedoch mit der – also mit »unserer« – Nachtigall nicht näher verwandt ist.

Welchen Namen haben andere Sprachen für die Nachtigall erkoren? In der türkischen und arabischen Sprache heißt die Nachtigall *bülbül*. Es reimt sich wunderbar auf *gül*, die Rose. Das Motiv des sich sehnenden Verehrers (Nachtigall) nach der ewigen Schönheit (Rose) ist zentral in der persischen Dichtung verankert und auch die islamische Mystik nutzt die Kombination von Tier- und Pflanzenmotiv als Symbol für die göttliche Schönheit und die Sehnsucht der menschlichen Seele danach. Die Nachtigall als ›Seelenvogel‹! Ein anderer persischer Name für die Nachtigall lautet *häzär*, was auch »tausend« bedeutet – und wohl auf den in tausendfacher Variation singenden Vogel hindeutet.

Im Russischen heißt die Nachtigall Соловьёв oder *solow-jow*. Das ist gleichzeitig ein sehr häufiger russischer Nachname. Die zweifelhafte Ehre, als Familienname zu fungieren, gebührt allerdings nicht der Nachtigall allein; viele russische Nachnamen leiten sich von Tieren ab. Im Deutschen wurden Nachnamen dagegen zumeist nach Beruf oder Wohnsitz gewählt oder vergeben. Entsprechend geht die Namensforschung davon aus, dass der Nachname »Nachtigall« im Deutschen nur in den seltensten Fällen verliehen wurde, weil jemand »so schön sang«. Stattdessen waren es wohl Bezeichnungen für einen Wohnort, in dessen Nähe eine Nachtigall sang, etwa so wie es ja auch viele »Vogelsang«-Orte und darauf Bezug nehmende Familiennamen gab.

Interessant ist auch die These, dass Vogelfänger, die sich auf den Fang der Nachtigall für die seit dem Mittelalter bei Wohlhabenden sehr beliebte Käfighaltung spezialisiert hatten, die Nachtigall im Nachnamen von ihrer Berufsbezeichnung ableiteten. Der häufige Nachname »Vogel« entstand jedenfalls aus dem »Vogler«, wie der Beruf des Vogelfängers genannt wurde. Doch zurück zum Russischen. Hier nennt man die Nachtigall auch »westliche Nachtigall« – die »östliche Nachtigall« ist aus russischer Sicht der Sprosser. In den skandinavischen Ländern wird »unsere« Nachtigall dagegen die »südliche« Nachtigall genannt (im Dänischen *sydlig nattergal*, im Schwedischen *sydnäktergal* und im Finnischen *etelänsatakieli*). *Satakieli* steht hier übrigens wiederum für »hundert Sprachen«.

Zusammenfassend gibt es also vier wiederkehrende Bezüge für die Benennung der Nachtigall: referenziert wird eine Gestalt der griechischen Sage, der Nachtgesang, der vielfältige Gesang aus vielen Strophen oder eben die Verbreitung im Vergleich zum Sprosser (südlich oder westlich).

Um Übersetzungs- und Sprachverwirrungen entgegenzuwirken, werden Tierarten seit Jahrhunderten wissenschaftlich benannt, und zwar lateinisch mit einem Gattungsnamen als erstem Teil und einem Namen, der die genaue Art bestimmt, als zweitem Teil. Die Benennung der Nachtigall als *Luscinia megarhynchos* verdanken wir Christian Ludwig Brehm. Er war ein begeisterter Ornithologe, der als »Vogelpastor« im kleinen thüringischen Renthendorf Tausende Vogelbälge sammelte, verglich und dabei neue Arten benannte. So auch 1831 die Nachtigall. Auch sein Sohn Alfred Brehm wurde ein berühmter Naturkundler und schrieb seinerseits über das Liebes- und Sangesleben der Nachtigall. Doch wie kam Brehm senior auf *Luscinia megarhynchos*? *Luscinia* haben wir bereits hergeleitet. Und *megarhynchos* heißt einfach »Großschnabel«. Gewählt allerdings weder wegen vorlauten Verhaltens noch wegen bildlich »große Mengen Gesang entlassenden Schnabels«, sondern einfach wörtlich – weil der Schnabel der Nachtigall etwas größer ist als der des Sprossers.

Nun herrscht aber auch in der wissenschaftlichen Namensgebung nicht immer Eintracht. Wie viele andere Tierarten ist auch die Nachtigall mehrfach benannt worden. *Erithacus poeta, Erithacus megarhýndios* – und damit ist die Liste noch lange nicht erschöpft. Teilweise wurden geographischen Variationen eigene Artnamen zugeteilt, teils einfach der gleiche Vogel mehrfach benannt. Erst im vergangenen Jahrhundert legten sich immer mehr Naturforscher:innen auf *Luscinia megarhynchos* fest.

Gestalt und Gefieder,
Alter und Adresse

Die Nachtigall ist mittelgroß, etwa 17 Zentimeter Körperlänge sind es von Schnabel- bis Schwanzspitze. Sie hat eine Flügelspannweite von durchschnittlich 27 Zentimetern. Die Größe variiert nach dem ersten Sommer im weiteren Lebensverlauf kaum noch, es gibt kleinere und größere Individuen. Nachtigallen sind auch mittelschwere Vögel, etwa 22 Gramm brachten die von uns zur Brutsaison gewogenen Vögel auf die Waage. Genau genommen sollte es heißen »unter die Waage«, denn im Feld werden Vögel meist gewogen, indem sie kurz in ein Beutelchen gesteckt werden, das dann an eine Federwaage gehängt wird. Wer nicht zappelt, ist schneller wieder draußen. Das Gewicht variiert stark – einmal im Jahresverlauf, wie noch beschrieben werden wird. Aber auch zwischen Individuen sind die Unterschiede beachtlich: als Höchstgewicht (im Frühjahr) für ein Männchen wurde in der Literatur 29 Gramm angegeben. Ob und in welcher Variation sich »Starkleibigkeit« bei Nachtigallen in der Natur auswirkt, ist nicht beforscht.

Das Gefieder der Nachtigall ist, von der Seite und von oben betrachtet, recht einheitlich rotbraun, wobei der Schwanz besonders stark rötlich gefärbt ist. Brust und Bauch sind in hellgraubräunlich changierenden Tönen gefärbt. Kein Vergleich zu den stark kontrastierenden Farben und Strukturen im Gefieder von Finken oder Meisen. Wenn Sonnenstrahlen durch Busch und Kraut auf das Nachtigallgefieder treffen oder der Vogel auf besonnten Wegen und Wiesen auf Futtersuche ist, leuchtet das Rotbraun allerdings so vollkommen, dass man darüber nachzudenken beginnt, ob die monochrome Färbung tatsächlich nur das beste Tarnkleid ist oder ob das hübsche Federkleid nicht doch eine Rolle bei der Partner:innenwahl spielt.

Männchen und Weibchen stehen sich in diesem Punkt übrigens in nichts nach. Die Nachtigall gehört zu den »monomorphen« Arten, bei denen Männchen und Weibchen sich optisch kaum unterscheiden lassen. Erst wenn aus einem Nachtigallschnabel lauthals Gesang ertönt, darf man sicher sein, dass es ein Männchen ist. Nur zur Brutzeit lassen sich die Individuen sicher einem Geschlecht zuordnen, wenn man sie für das Maßnehmen und Beringen in der Hand hält. Dann haben die Weibchen einen »Brutfleck«. Der komplette Bauch ist nun federfrei und sehr gut durchblutet. Das optimiert die Übertragung der Körperwärme auf das Gelege.

Auch die Männchen haben ein subtiles Merkmal, das direkt mit dem Paarungsakt in Verbindung steht. Nachtigallen haben keinen sichtbaren Penis. Kein Einzelschicksal, sondern eines, das sie mit den meisten Vogelarten teilen. Außer den Enten. Aber das ist schon wieder eine andere Geschichte. Stattdessen ist die Kloake der Nachtigall der Austrittsort aller Produkte von Verdauung, Exkretion und eben auch der »Geschlechtsprodukte«. Und an deren Rand gibt es durchaus kleine Strukturen, die sich versteifen, wenn sie sich mit Lymphe füllen. Ob ich der Meinung meiner Fachkollegen folgen will, die daraus gleich einen »nicht-ausschiebbaren Penis«, *Penis non-protrudens*, machen wollen, weiß ich nicht so recht. Ist doch auch ausmalbar, dass es einfach ohne geht. Was unserem Feldteam bei der Vermessung unzähliger Nachtigallen beider Geschlechter allerdings auffiel, ist, dass die gesamte Kloake der Männchen etwa ein bis zwei Millimeter aus dem Bauch hervorsteht. So etwas wird »Kloakenprotuberanz« genannt. Wir hatten viel Spaß mit diesem Wort, nachdem wir es erst mal auszusprechen gelernt hatten. Ob diese Protuberanz das ganze Jahr über ein Unterscheidungsmerkmal ist, entzieht sich wissenschaftlicher Kenntnis. Oder ob es ein Zeichen bevorstehender oder vergangener Kopulationen ist? In aktuellen Werken zur Geschlechtsunterscheidung von Vögeln fanden sich keinerlei entsprechende Hinweise. Dafür wurde ich in einem Büchlein mit dem schlichten Titel »Die Nachtigall« fündig, das Otto Fehringer vor einem Dreivierteljahrhundert verfasst hat. Dort ist eine Skizze abgebildet, die genau den von uns beobachteten Unterschied beschreibt. Und wie heißt die Struktur dort? »Steißzäpfchen«! Ich bin sofort bereit, auch dieses Juwel in meinen aktiven Wortschatz zu übernehmen.

Die Sinnesleistungen der Nachtigall haben bislang ebenfalls kaum Forschungsinteresse geweckt. Allgemein kann davon ausgegangen werden, dass Singvögel in ähnlichen Bereichen hören wie Menschen. Der visuelle Sinn ist dagegen wesentlich besser ausgeprägt. Durch die Anordnung der Augen seitlich am Kopf ist das Sehfeld deutlich erweitert. Das hat allerdings einen Preis: das räumliche Sehen ist weniger gut möglich. Dafür ist nämlich die Verrechnung der Information zweier überlagerter Sehfelder nötig. Der Geruchssinn von Vögeln wurde lange Zeit völlig unterschätzt. Das lag zunächst vielleicht am Fehlen der Nase. Doch mittlerweile hat man erkannt, dass die Geruchsrezeptoren in einem Gewebe liegen, das die Nasenhöhlen auskleidet. Das ist jedoch bei Singvögeln nicht besonders ausgeprägt. Auch der Teil des Gehirns, der Informationen über Gerüche verarbeitet, ist winzig. Jüngste Forschungen legen nahe, dass Singvögel dennoch Gerüche nutzen: Sie können zum Beispiel den Geruch ihrer Nester erkennen, Nahrung per »Nase« finden und vielleicht sogar Gerüche zum Navigieren nutzen.

Nachtigallen werden nicht sonderlich alt. Die übergroße Mehrheit jedenfalls. Von den Brutvögeln eines Jahres kehrt etwa die Hälfte im nächsten Jahr nicht zurück. Das heißt nun aber nicht, dass die Reviere leer bleiben. Sie werden von anderen Männchen besetzt. Von Einjährigen, die zum ersten Mal ins Brutgeschehen eingreifen, oder älteren Vögeln, die zuvor woanders brüteten. Allgemein gilt aber, dass die Vögel recht »standorttreu« sind. Das wiederum hat so viel mit ihrem Gesang zu tun, dass es in diesem Kontext noch genauer diskutiert werden wird.

Die größte Überlebens-Herausforderung betrifft wohl das erste Jahr – die Zeit zwischen Flüggewerden und Beginn der darauffolgenden ersten Brutsaison. Adulte, also erwachsene Nachtigallen, schaffen im Mittel zwei Brutsaisons. All das ist aus Ringfunden bekannt sowie aus vereinzelten Langzeit-Beobachtungen. Die ältesten Freilandvögel wurden in den 1980er-Jahren mit mindestens acht Jahren angegeben. »Mindestens« bezieht sich hier darauf, dass die Vögel bei der Beringung schon mindestens ein Jahr alt waren. Es könnte also eine unklare Anzahl von Jahren mehr sein. Aufschluss darüber gibt eine Langzeitstudie, die ich mit einem Team von Biolog:innen vor zwanzig Jahren im Berliner Treptower Park initiierte und seitdem in wechselnder Besetzung fortführte.

In unserem Studiengebiet gab es ein Nachtigallmännchen, dessen Revier wir »PW Eins« nannten. Der Name des Reviers ist ein typisches Beispiel assoziativer Namensfindungen, ein wortrecycelndes Palimpsest. »PW« steht als Abkürzung für »Plänterwald«. Damit ist hier aber nicht der direkt an den Treptower Park anschließende gleichnamige alte Berliner Stadtforst gemeint. Vielmehr befand sich zu DDR-Zeiten auf dem Territorium von »PW Eins« die Gaststätte »Plänterwald«. Und dort gab es an bestimmten Wochentagen von uns Teenies geschätzte »Jugendtanzveranstaltungen« – Disco halt. In Erinnerung an meine frühe Jugend in den Berliner Achtzigern heißt nun das Nachtigallrevier so.

Für die Dauer mindestens einer Brutsaison trug das Männchen, um das es hier geht, diesen Namen: PW Eins. Der Vogel wurde 2002 mit der Farbring-Kombination BlMeXOr (also blau, darunter Metall am rechten Bein, orange am linken Bein) beringt. Anhand der Gefiedermerkmale wurde festgestellt, dass der Vogel nicht einjährig war, sondern älter. Wie alt genau, ließ sich nicht sagen. Dank der Farbringe konnten wir das weitere Leben von PW Eins nun genau verfolgen, ohne dass wir dem Vogel noch einmal näher als auf Fernglas-Sichtweite kommen mussten. Nur Geduld brauchte es, in jedem Frühjahr wieder die Farbring-Kombination abzulesen. Die Geduld zahlte sich aus: Jahr für Jahr kehrte PW Eins in sein Revier zurück. Zum letzten Mal konnten wir ihn 2010 beobachten, also wurde er insgesamt mindestens zehn Jahre alt – damit hat er tatsächlich Aussichten auf einen Altersrekord freilebender Nachtigallen.

Familienleben –
Monogamie oder Patchwork,
Brüten und Nachwuchs

Ein Nachtigallpaar hat mit rund fünf Eiern pro Nest eine mittlere Gelegegröße, daraus schlüpfen etwa vier flügge Jungvögel. Auch wenn nur das Weibchen brütet, beteiligen sich Nachtigallväter dann mit etwa ebenso viel Aufwand am Füttern der Jungen wie die Mütter. Wir haben das herausgefunden, indem wir Nestbesuche einerseits gefilmt, andererseits mittels Radiowellentechnik registriert haben. Das funktioniert so ähnlich wie die Alarmsysteme an Kaufhaus-Ausgängen, wobei den Nachtigallen ein winziger Chip am Ring befestigt und ein Auslesegerät unter dem Nest platziert wird. Wir fanden heraus, dass sich Nachtigallmännchen nicht nur ein wenig am Füttern der Jungtiere beteiligen, sondern sogar zu beachtlichen Anteilen: etwa die Hälfte aller Kükenfütterungen wird vom Vater übernommen. Die Anteile schwanken allerdings stark zwischen den Männchen. Es gab eifrige Väter und eher zurückhaltende Väter. Ob das tatsächlich eine Frage der Motivation war, muss offenbleiben. Vielleicht ist es eine Folge des Geschicks bei der Nahrungssuche? Oder die Väter passen ihren eigenen Beitrag dem Fütterungserfolg oder -eifer ihrer Weibchen an.

In Sachen Paarungsverhalten ist die Nachtigall also Durchschnitt. Selbst der Anteil an »außerehelichen« Nachkommen pro Nest liegt, verglichen mit anderen Singvogelarten, im mittleren Bereich – das zeigen jüngere Forschungen. Lange Zeit war man davon ausgegangen, dass sich Nachtigallmännchen und

-weibchen doch mindestens für eine Saison eheähnlich zusammentun, bis die Brut flügge ist. Geprägt – und immer wieder »abgeschrieben« aus Forschungsberichten – wurde diese Sicht zu Zeiten, da die monogame Ehe das gebotene und erwünschte Format partnerschaftlichen Zusammenlebens war. Dank akribischer Feldforschung mittels einer Kombination verschiedener Methoden wissen wir es mittlerweile bei einigen Singvogelarten genauer: die »Ehe« ist eine soziale Zweckgemeinschaft zur gemeinsamen Aufzucht von Nachwuchs. »Funktionelle Monogamie« wird das in der Fachwelt genannt – weil »monogam« im engeren Sinn keinesfalls zutrifft.

Diese Befunde räumen mit der überholten ornithologischen Perspektive auf, aus der man – das heißt vor allem: *Mann* – Vögel gern in der Lebensverpaarung unter führender Rolle des Männchens sehen wollte. Als dann erkannt war, dass es in der Vogelwelt nicht zugeht wie im moralisierenden Bilderbuch, wurde das Paarungssystem als »Einjahresehe« benannt, zum Beispiel von Brehm. Ehe musste wohl sein, zur Not eben nur auf Zeit. Noch vor dreißig Jahren wurde in wissenschaftlichen Werken »monogame Saisonehe« als Status angegeben. Mit frischem Forscher:innenblick wird deutlich, dass es besser »it's complicated« heißen sollte. Denn wie wir nun wissen, gibt es reichlich andere Männchen, die durch eine unauffällige »außereheliche« Verpaarung für einen Teil des Nachwuchses genetisch verantwortlich zeichnen. Die Weibchen muss man sich dabei keinesfalls zwingend in der passiven Rolle vorstellen.

Auch wenn wir hier für die Nachtigall selbst noch keine Details kennen, spricht doch alles dafür, dass es wie bei anderen, in dieser Hinsicht besser untersuchten Singvogelarten läuft: demnach suchen Weibchen durchaus aktiv andere Männchen aus und fordern sie zur Verpaarung auf. Die Strategien zu erfolgreicher Fortpflanzung sind mit den Verpaarungsentscheidungen immer noch nicht erschöpft. Zu unterschiedlichen

Anteilen legen die Weibchen auch Eier in Nester anderer Weibchen ihrer Art – ein »Sicherheitsei«, falls das eigene Nest Räubern, Unwettern oder auch menschlichen Eingriffen zum Opfer fällt.

Anhand moralischer Maßstäbe lassen sich solche Verhaltensmuster natürlich nicht verstehen. Setzen wir stattdessen die Darwinsche Evolutionsbrille der modernen Verhaltensökologie auf, sind alle beschriebenen Verhaltensstrategien bestens nachvollziehbar. Es geht darum, die eigenen Gene erfolgreich weiterzutragen, also möglichst oft und über viele Generationen. Außerdem geht es um »Trade-offs«, also das Abwägen von Kosten und Nutzen eines bestimmten Verhaltens. Nehmen wir den Fall des Nachtigallmännchens, das erfolgreich »sein« Weibchen geworben hat. Würde es nun viel Zeit darauf verwenden, das Weibchen zu bewachen, um potenzielle Nebenbuhler von ihm fernzuhalten, könnte es nicht ausreichend fressen und wäre für die kommende Phase der Jungenaufzucht geschwächt. Gleichzeitig könnte es auch sein Territorium nicht aufmerksam beobachten, in dem vielleicht schon Nest und erste Eier versteckt sind. Der ganze Brutversuch könnte flöten gehen! Und schließlich hätte es auch keine Zeit, sich selbst nach außerehelichen Paarungsoptionen umzusehen. Es gilt also ganz schön viel gegeneinander abzuwägen.

Praktischerweise hat die Evolution die Bewertung dieser Optionen über viele Generationen hinweg optimiert. Wir gehen davon aus, dass die Verhaltensentscheidungen, die wir beobachten, die komplexe Verrechnung solcher Trade-offs reflektieren. So sollte das Männchen schon darum bemüht sein, dass möglichst viele der Eier im eigenen Nest von ihm befruchtet sind. Gleichzeitig könnte es Gene auf andere Eier beziehungsweise Nester verteilen, um so die Wahrscheinlichkeit zu erhöhen, dass wenigstens einige seiner Küken lebend durch die höchst fragile erste Lebensphase kommen. Und vielleicht trägt die Gen-Melange mit verschiedenen Weibchen auch dazu bei, dass wenigstens einige der Nachkommen sich gut weiterentwickeln. Dabei lässt sich sogar in Kauf nehmen, dass man selbst das eine oder andere Fremdküken mit aufzieht. Der Aufwand, die eigene Vaterschaft zu hundert Prozent sicherzustellen, ist einfach zu groß.

Über die Anteile »außerehelicher« Nachkommen war für die Nachtigall lange nichts bekannt. Wir forschten dazu an einer Population von Nachtigallen im Golmer Luch bei Potsdam und nutzten dabei eine Methode, die aus dem Humanbereich bestens bekannt ist: die Vaterschaftsbestimmung mittels DNA-Proben. Natürlich sind es andere DNA-Abschnitte als beim Menschen, die die Nachtigall-Väter »markieren«, aber das gentechnologische Verfahren ist sehr ähnlich. Eine Untersuchung der Verwandtschaft von 65 potenziellen Vätern und über hundert Küken ergab, dass etwa jedes fünfte Küken nicht von seinem sozialen Vater, also dem Fütterer am Nest, gezeugt worden war. Obwohl wir durchaus mit Anteilen außerehelicher Nachkommen rechneten, erschien uns dieser Wert überraschend hoch. Schaut man auf die Nester im Einzelnen, ergibt sich eine große Bandbreite: Es gab durchaus Nester, in denen alle Küken die leiblichen Kinder des sozialen Vaters waren. In knapp der Hälfte der Nester fanden sich jedoch ein oder mehr außereheliche Nachkommen, wobei der Anteil im Vergleich zu den leiblichen Küken zumeist geringer war. Es gab jedoch auch ein Nest, in dem von den fünf Küken kein einziges vom sozialen Vater gezeugt worden war. Meist war der biologische Vater der »Kuckuckskinder« übrigens der nette Nachbar von nebenan. Im Nest mit den fünf außerehelichen Küken waren die biologischen Väter zum Beispiel die beiden direkten Nachbarn. Und noch etwas: wir fanden Hinweise, dass eher »komplexer« singende Männchen für außereheliche Verpaarungen gewählt wurden.

Die Nachtigall ist in zweierlei Hinsicht eine Art mit strengen

Prinzipien: gebrütet wird nur einmal in jedem Frühjahr. Selbst wenn das komplette Nest samt Gelege einer streunenden Katze, anhaltendem Regen oder einem versehentlich mitten ins Brennnesselfeld gebolzten Fußball zum Opfer fällt, war es das für diese Brutsaison, also für ein ganzes Jahr. Und selbst wenn die Bedingungen in einem Jahr optimal waren und die Küken schon früh im Juni das Nest verlassen haben, wird kein zweiter Brutversuch gestartet. Das zweite Prinzip betrifft die jährlichen Reiseroutinen. Egal, wie Wetterlage, Bruterfolg und Geschehnisse im Bruthabitat waren: im Spätsommer wird abgereist! Das gilt für jede Nachtigall und für jedes Jahr.

Zugzeiten

Nachtigallen sind Zugvögel. Jedes Jahr machen sie sich auf die unfassbar lange Reise von Europa nach Afrika und wieder zurück. Dabei gehört die Nachtigall zu den Arten, bei denen jedes Individuum jedes Jahr zieht, ausnahmslos. Neben dem Erlernen seines Gesangs ist diese Fernreise wohl die zweite große Meisterleistung des kleinen braunen Vogels. In gewisser Weise hat auch dieser obligate Weg- und Zuzug seinen Anteil am kulturellen Konstrukt der Nachtigall. Denn die während des ganzen Jahres durch die Gärten ziehenden Kohlmeisen, Rotkehlchen oder Amseln sind wohl kaum als verlässliche Frühlingsbot:innen für den Beginn der lauen Nächte romantisch auszubeuten. Dennoch ist die Nachtigall keineswegs die einzige Langstreckenzieherin unter den europäischen Singvögeln.

Das komplette Verschwinden dieser Arten während des europäischen Winters war für unsere Vorfahren kaum erklärbar und führte zu gewagten Thesen: Aristoteles wird zum Beispiel als Vertreter der Theorie des Winterschlafs oder der »Transmutation«, also der Umwandlung zwischen Sommervögeln und Wintervögeln benannt. Auch über Vogelwanderungen im großen Stil bis hin zum Mond wurde nachgedacht. Ist es nicht ein wenig bedauerlich, dass die Forschung keine dieser wundersamen Erklärungen bestätigen konnte? Intensiv wurde seit etwa Ende des 19. Jahrhunderts zu allen Aspekten des Vogelzuges wissenschaftlich geforscht. Die systematische Beringung von Vögeln im großen Stil, die von Vogelwarten organisiert wurde, war dabei eine entscheidende Triebkraft. Ringfunde an toten Vögeln oder auch Wiederfänge von beringten Vögeln brachten nach und nach Aufklärung zum Verbleib der verschwundenen Sommergäste. Allerdings steht das Verhältnis von Beringungen zu Wiederfunden in keinem günstigen Verhältnis. Da kritische Stimmen außerdem immer wieder Fragen aufwarfen, inwiefern die Beringung und das Tragen eines Rings sich nachteilig auf Gesundheit und Überlebenschancen auswirken, kam die massenhafte Beringung jüngst etwas aus der Mode. Heute gibt es weitaus modernere Methoden zum Verfolgen von Zugbewegungen.

Einige Vogelfreund:innen werden sich noch an »Prinzesschen« erinnern. Sie war die erste mit einem Telemetriesender versehene Storchendame, die 1994 vom Storchenhof Loburg bei Magdeburg nach Afrika und zurück flog. Der damals als »state of the art« geltende batteriebetriebene Peilsender wog knapp 100 Gramm. Das war tragbar für Störche – aber für eine etwa 20 Gramm leichte Nachtigall natürlich nicht! Inzwischen können auch kleine Singvögel wie Nachtigallen mit Peilsendern versehen werden. Unser Team hat die Technik genutzt, um nachzuvollziehen, wie weibliche Nachtigallen die Partnerwahl angehen. Die Sender wogen etwa ein halbes Gramm und hatten eine Reichweite von vielen hundert Metern. Limitierender Faktor war der Energiebedarf der aktiven Sender. Nach etwa zwei Wochen war die Batterie leer. Damit kann man kleinräumige Bewegungen im Brutgebiet verfolgen, aber keineswegs Zugrouten nachvollziehen! Auch Satellitensender und GPS-Tracking-Verfahren sind nach wie vor nur für schwergewichtigere Arten geeignet.

Dass wir die Zugrouten inzwischen dennoch detailliert erfassen können, verdanken wir anderen Techniken. Indirekt lassen sich Aufenthaltsorte von Tieren bestimmen, indem man die Isotopenzusammensetzung aus einer winzigen Gewebeprobe wie etwa einer Feder oder einem Stück Kralle, dem Vogel-Pendant zum Zehennagel, bestimmt. Isotope sind verschiedene »Ausgaben« eines chemischen Elements, die einem bestimmten Ort zugeordnet werden können. Das Vorkommen der Isotope ist kartierbar, prinzipiell über den ganzen Erdball. Wenn ein Vogel zum Beispiel ein ganz bestimmtes Kohlenstoff-Isotop in seine Kralle eingebaut hat, muss dieses Stück Kralle in der Gegend angelegt worden sein, in der dieses Isotop vorkommt. Mit dieser Methode konnte festgestellt werden, in welchen Gebieten sich die mitteleuropäischen Nachtigallen im Winter aufhalten: im Süden Westafrikas, zum Beispiel Liberia, Elfenbeinküste, Mali und Nigeria.

Das bestätigten Erkenntnisse aus Ringfunden. Da in der Studie die Isotopenverteilung von drei Brutpopulationen in Frankreich, Italien und Bulgarien verglichen wurde, konnte gezeigt werden, dass Vögel, die im Sommer in einem bestimmten Gebiet brüten, auch im Winter im grob selben Gebiet zu finden sind. Genaueres ließ sich mittels Analyse stabiler Isotope allerdings nicht beschreiben. Erst der Einsatz einer weiteren Technik brachte mehr Licht ins Dunkel der Zugrouten: Geolokatoren. Das sind winzige, etwa ein Gramm schwere Ortungschips, die auf dem Rücken der Vögel angebracht werden. Wie genau der Lokator an den Vogel kommt? Die Vögel werden dazu eingefangen und der Lokator wird mit Silikonschlaufen an den Beinen befestigt. Also sozusagen ein Rucksack am unteren Rücken, dessen Träger über die Beine geschlungen sind. Lokator und Rucksack machen dann mit dem Vogel den Herbst- und Frühjahrszug mit. Im Folgejahr werden die Vögel nochmals gefangen, um den Lokator abzunehmen und dann auszulesen. Im Unterschied zu Sendern speichert der passive Geolokator nämlich die Daten auf einem integrierten Chip. Das spart ungemein Gewicht, macht aber ein nochmaliges Fangen der Vögel nach ihrer Rückkehr notwendig. Bei einem Helldunkelgeolokator misst und speichert eine Fotozelle Helligkeiten zu bestimmten Tages- und Nachtzeiten. Aus diesen Daten lassen sich mittels komplexer mathematischer Algorithmen die Sonnenauf- und -untergangszeiten berechnen. Und die sind aufgrund der Drehgeschwindigkeit der Erde sowie der Neigung der Erdachse wiederum an jedem Ort einzigartig. So verraten die Daten auf dem kleinen Lokator, wo und wie lange sich der Vogel an einem bestimmten Ort aufhielt.

Mit Hilfe dieser Technik untersuchten Forscher:innen die Hin- und Rückzugrouten von Nachtigallen, wiederum von den oben schon benannten drei Brutpopulationen. Anders als bei der Auswertung der Isotope konnten sie nun erstmals die Zugwege inklusive Zwischenstopps recht genau beschreiben. Zunächst bestätigte sich, dass die drei Brutpopulationen auch im Winter jeweils unter sich blieben, sich also nicht mischten. Des Weiteren wurde deutlich, dass die Vögel keineswegs auch nur annähernd der kürzesten Route folgten. Stattdessen bauten sie teils ganz erhebliche Umwege ein. Das kann vielerlei Ursachen haben: Umwege können nötig sein, um die Energievorräte aufzufüllen, die Vögel können aber auch durch ungünstige Wetterlagen oder Windverdriftung von der Route abkommen. Im Herbst nehmen sich die Vögel besonders viel Zeit für den Zug. Die meisten vertrödeln am Zugbeginn noch ein paar Tage, wenn der Spätsommer es zulässt. Dann pausieren sie vor der Querung des Mittelmeeres etwas länger diesseits oder jenseits der Alpen. Und später verweilen die meisten noch einmal etliche Tage quasi im Vorort ihres eigentlichen Winterquartiers. Vermutlich warten sie dort einfach die besten Bedingungen ab. Im Herbst eilt es ja nicht.

Im Frühjahr sieht die Strategie anders aus. Schon lange wurde angenommen, dass der Rückzug schneller abläuft. Schließlich geht es um das erfolgreiche Besetzen eines Territoriums und die Partner:innenwahl. Wer da den besten ersten Teil verpasst, ist deutlich im Nachteil, was die Wahrscheinlichkeit erfolgreicher Nachkommenschaft angeht. Es ist dabei jedoch keineswegs so, dass die Distanzen optimiert werden. Auch im Frühjahr machen die Vögel viele Umwege, ob nun freiwillig oder unfreiwillig. Dennoch sind sie viel schneller. Fliegen sie schneller? Dafür spricht wenig. Viel wahrscheinlicher ist, dass die Zeit auf den Rastplätzen, beim Auffüllen der Reserven, eingespart wird.

Der Langstreckenflug ist ein gefährliches Unternehmen, das Jahr für Jahr die Bestände dezimiert. Etwa die Hälfte der Vögel verschwindet von Brutsaison zu Brutsaison – der Großteil davon stirbt auf dem Zug. Die natur- und menschengemachten Hindernisse sind mannigfach. Beispielsweise stellt die Windverdriftung, vor allem in Richtung Westen, eine große meteorologische Gefahr dar. Unwetter können den Weiterflug verzögern oder Notlandungen erzwingen, falls man nicht gerade über dem Mittelmeer fliegt. So entstehen regelrechte Staus von Abertausenden Zugvögeln. Bis zu 200 Millionen Vögel können sich binnen einer Nacht über das Mittelmeer bewegen. Einige Beutegreifer haben ihre Brutsaison an die Durchzugzeiten angepasst. Die an den Steilküsten der Mittelmeerinseln brütenden Eleonorenfalken etwa ziehen ihre Jungen im Herbst auf. Erschöpfte Singvögel, die eine lange Zugstrecke hinter sich haben, sind eine leicht zu erjagende Kükennahrung. Auch die Schieferfalken, die auf den Felsklippen der Sahara brüten, haben den Herbstzug der Singvögel als bestens gedeckten Tisch für die Fütterung ihrer Jungtiere erkannt und ihre Brutzeit daran ausgerichtet.

Als wären diese und viele weitere natürliche Gefahren auf dem Weg nicht genug, haben Menschen hier noch ordentlich eins draufgesetzt: Die Lichter von Gasfeuerflammen und auch von Schiffen können in bedeckten Nächten, wenn die Sternenkarte fehlt, die Orientierung der Vögel ausheben. Die perfideste Gefahr kommt jedoch von Menschen, die Singvögel jagen. Es scheint schier unfassbar, davon im 21. Jahrhundert noch schreiben beziehungsweise lesen zu müssen. Aber tatsächlich handelt es sich nicht um Einzelfälle, sondern um großflächig angewandte, teils völlig legale Fangmethoden, mit denen jährlich viele

Millionen Vögel zur Strecke gebracht werden. Die Liste der Länder, in denen die Fallen, ob völlig legal oder nur unzureichend verboten, ausgebracht werden, umfasst viele Länder des Mittelmeerraumes, des Nahen Ostens und Nordafrikas. Die Liste der Fangmethoden reicht von den am weitesten verbreiteten Leimruten, bei denen die Vögel an einem Holzzweig, den sie für eine prima Sitzgelegenheit halten, kleben bleiben, über den Fang in Stellnetzen oder Leiterfallen. Während die Vögel hierbei lebend gefangen werden, sind andere Fallen- und Fangarten, wie etwa der Abschuss mit Schrotflinten, aber auch Steinquetschfallen, Schlagfallen oder Rosshaarschlingen direkt tödlich. Der Begriff »erdrosseln« hat seinen Ursprung in der letztgenannten Fallenart, mittels deren eben vorwiegend Drosseln gefangen wurden.

Aber warum, um alles in der Welt, wird den Langstreckenziehern so übel nachgestellt? Auch hier muss leider eine ganze Liste von Gründen angeführt werden. Zunächst werden Singvögel nach wie vor verspeist. Dabei geht es längst nicht mehr ums »Sattwerden«, sondern in den allermeisten Fällen um die Befriedigung der zweifelhaften Geschmäcker gutbetuchter Gourmets. Rotkehlchenspieße in Italien oder Ortolane in Frankreich gehen für viel Geld über den Tisch – wenn auch nicht offiziell, denn die Vermarktung von Singvögeln ist in der Europäischen Union verboten. Vogelschützer:innen dokumentieren dennoch immer wieder Fälle illegal gefangener Vögel auf dem Teller. Des Weiteren sind wild gefangene Singvögel als Haustiere beliebt. Zumeist sind hier Finkenarten, wie etwa Gimpel, Stieglitze und Hänflinge, gefragt. Auch Nachtigallen teilen dieses schaurige Schicksal, wie später im Kapitel über die Nachtigall als Haustier nachzulesen ist. Der illegale Handel floriert, obwohl die Einfuhr von Wildvögeln in die EU seit 2006 verboten ist. Während einige Tierfreund:innen es schaffen, sich am Gesang der in meist winzigen Käfigen gehaltenen Vögel zu erfreuen, brauchen ihre jagenden Kolleg:innen die gekäfigten Exemplare als Lockvögel, die mit ihrem Gesang Artgenossen vor die Flinte oder ins Netz ziehen. Erschwerend kommt hinzu, dass manche Jagdmethoden unabhängig von ihrer Grausamkeit als Tradition gelten und daher erlaubt sind.

All das macht die Jagd und die Vermarktung von Vögeln zu einem lukrativen Geschäft. Entsprechend skrupellos gehen manche Jäger:innen oder Händler:innen vor, wenn ihre Praktiken aufgedeckt werden. Wie perfide die Vogeljagd in Europa und weltweit auch heute noch organisiert ist, lässt sich bestens recherchiert in den Essays des großartigen US-amerikanischen Autors und bekennenden Vogelfreundes Jonathan Franzen nachlesen: Das »Komitee gegen den Vogelmord«, über das Franzen u. a. schreibt, setzt sich als deutscher Zweig des international agierenden *Committee Against Bird Slaughter* dafür ein, illegale Fang- und Vertriebspraktiken zu unterbinden.

Vielleicht würde der oder dem einen oder anderen Vogeleigner:in oder -esser:in die Sache weniger Spaß machen, wenn er oder sie besser wüsste, welches Gesamtkunstwerk der Natur den Langstreckenzug möglich macht? Die ganze Physiologie der Nachtigall ist auf das biannuale Großereignis des Zuges abgestimmt. Es werden massive Fettreserven im Vogelkörper angelegt, vor allem unter der Haut und am Brustansatz. Die ganze Ernährung wird dafür umgestellt und für die eigentlich insektivore Nachtigall stehen nun auch Beerenfrüchte auf dem Speiseplan. Doch diese Fetteinlagerungen reichen für die langen Nonstop-Flüge ebenso wenig aus wie das im Körper frei verfügbare Wasser, zumal dem Gewicht durch die Aerodynamik eine obere Grenze gesetzt ist. Immerhin sprechen wir hier von mehreren jeweils 2000 bis 3000 Kilometer langen, 50 bis 70 Stunden dauernden Flügen ohne Nahrung und Wasser. Es kommt während dieser Flüge tatsächlich zu einem dramatischen Fall von »Selbstverdauung«. Die inneren Organe wie Darm und Magen schrumpfen dabei auf die Hälfte ihrer Größe, die Leber sogar um bis zu 60 Prozent. Die gewonnenen Fette und das Wasser werden als Treibstoff genutzt, die Proteine und Glukose für die Funktion des Gehirns. Im Ergebnis dieser dramatischen Umbauten schwankt das Körpergewicht der Tiere massiv. Im »Normalzustand« wiegt eine Nachtigall etwa 23 Gramm, kurz vor Zugbeginn sind es etwa 33 Gramm, und nach dem Zug kann man Tiere mit einem Gewicht von 15 Gramm finden.

Die innere Uhr der Vögel gibt die Abreisezeiten vor. Die Tiere geraten in einen Zustand, der »Zugunruhe« genannt wird. Dieser Begriff bezieht sich auf Vögel, die im Käfig gehalten wurden. Während der Zeiten, in denen sie in freier Natur ziehen würden, zeigten diese Vögel, die eigentlich nur am Tag aktiv waren, plötzlich im Käfig nächtliche Unruhe wie etwa Hüpfen oder Flügelflattern. Die Unruhe ließ nach einer Reihe von Nächten wieder nach. Die Zeitspanne entsprach der, die sie in der Natur für den Zug gebraucht hätten. Auch wenn diese innere Uhr ohne äußerliche »Zeitgeber« verlässlich zu funktionieren scheint, haben doch äußere Taktgeber wie die Länge der Tageszeiten, die Temperatur oder auch Wind- und Regenverhältnisse Anteile an der letztendlichen Entscheidung für den Zugstart. In der Natur ist dieser Moment schwerlich beobachtbar. Die Tiere ziehen nachts und sie ziehen allein. Es bräuchte die Beobachtung vorbeiziehender Vogelsilhouetten vor der Mondscheibe oder die Aufnahme und Analyse von Zugrufen, um audiovisuelle Zeugnisse vom Zugverhalten in der Natur zu sammeln – Ansätze, die in der Forschung durchaus verfolgt wurden.

Zur Orientierung nutzen die Nachtigallen das Erdmagnetfeld und den Sternenkompass. Vögel haben einen angeborenen Magnetsinn, der aber angesichts eines veränderlichen Magnetfeldes beständig neu justiert werden muss. Magnetitkristalle im Schnabel knapp oberhalb der Nasenöffnungen sowie Kryptochrome im Auge erlauben es der Nachtigall, die Magnetfeldsignale zu übersetzen. Sie können quasi den Winkel der Magnetfeldlinien zur Erdoberfläche erfassen oder »sehen«. Neben dem Erdmagnetfeld liefert auch der Himmel wichtige Orientierungspunkte – die Sterne! Deren Kenntnis ist den Tieren wohl nicht angeboren. Sie müssen in ihrer Jugendphase die Sternenkonstellation am nächtlichen Himmel und deren Bewegung beobachten. Der Polarstern etwa kann als Referenzpunkt für den Norden genutzt werden. Auch wenn die Details der Kartenkunde erworben werden müssen, sind doch die wesentlichen Entscheidungen rund um das Zuggeschehen genetisch festgelegt. Auch Jungvögel auf dem ersten Zug erhalten keine Unterweisung. Dass also junge Nachtigallen mit zielsicherer Genauigkeit zu einem ganz bestimmten Ort auf der Welt finden, an dem sie noch nie zuvor gewesen sind, liegt an genetisch festgeschriebenen Regeln zum Aufbruch, zum Ablauf und zum Beenden des Zuges. Allerdings wird es ihnen erst mit Zug-Erfahrung möglich, den Weg zu korrigieren, wenn sie zum Beispiel durch ungünstige Wetterbedingungen von der Route abgekommen sind.

Die äußeren Faktoren, die den Zug auslösen und beeinflussen, die physiologischen Anpassungen, die Orientierung und die hormonelle Steuerung des Langstrecken-Zugs sind inzwischen hinreichend bekannt. Die Nachtigall stand nie im Mittelpunkt dieser Forschung. Andere Arten wie etwa die Gartengrasmücke und die Mönchsgrasmücke sind die wahren Modellorganismen der Vogelzugforschung. Wir haben jedoch allen Grund anzunehmen, dass die Erkenntnisse gut übertragbar sind auf Arten ähnlicher Größe, Lebensweise und Zugrouten, sicher mit Variationen im Detail.

Orchestriert wird das ganze Zuggeschehen durch einen feinst aufeinander abgestimmten Cocktail verschiedener Hormone. Seit langem ist bekannt, dass die physiologischen Veränderungen ebenso wie die damit in Zusammenhang stehenden Verhaltensprogramme, beispielsweise die Veränderung der Ernährung und der damit mögliche Aufbau der Fettreserven, von Hormonen reguliert werden. Noch immer kommen neue Details ans Licht. Erst kürzlich wurde ein weiteres Hormon als Mitspieler bei der Regulation der Zugaktivität identifiziert: es ist das Ghrelin, ein Hormon, das auch beim Menschen den Appetit regelt. Untersucht wurden kleine Singvögel, die während des Frühjahrszuges nach der Mittelmeer-Passage auf der italienischen Insel Ponza ihre Reserven auffüllten. Vollgefutterte Vögel mit gefüllten Fettreserven haben demnach stark erhöhte Ghrelin-Werte gegenüber weniger fetten Vögeln. Und erhöhte Ghrelin-Konzentrationen im Körper führen dazu, dass die Zugunruhe zunimmt und die Vögel weiterfliegen. Ganz maßgeblich wird die Zugunruhe durch das Hormon Melatonin beeinflusst. Dabei handelt es sich um dasselbe Hormon, das auch unseren Schlaf-Wach-Rhythmus steuert. In der Nacht, also bei Dunkelheit, steigt die Produktion von Melatonin an, am Tag sinkt sie wieder. Hohe Melatonin-Werte sind also verbunden mit Ruhephasen. Entsprechend sollte es nicht verwundern, dass die Melatoninproduktion von Zugvögeln während der Zugzeiten gedrosselt ist. Nun haben die ziehenden Vögel auch in der Nacht niedrige Melatoninwerte – sie bleiben wach und aktiv. Gute, nachgerade zwingende Voraussetzungen für den nächtlichen Zug.

Wach und aktiv. Moment, da war doch was mit der Nachtigall? Wir haben es immerhin mit einem Vogel zu tun, der direkt nach dem Zug und der Ankunft im Brutgebiet nächtens singt, nach der Verpaarung allerdings ganz abrupt das nächtliche Singen einstellt. Wird auch dieses Aktivitätsmuster über Melatonin reguliert, und kann uns die Nachtigall Antworten liefern, wie genau der Zusammenhang zwischen Hormonkonzentration und Gesangsverhalten funktioniert? Vielleicht wird die Nachtigall in der Zukunft also doch noch ihre Sternstunde in der Erforschung der Rolle von Hormonen im Lebensverlauf von Tieren (sprich: in der Verhaltensendokrinologie) erleben.

Idealtypischer Jahresverlauf
einer Nachtigall

Afrika, Mitte März. Aufbruch. Die Männchen ziehen zuerst los,
etwas später folgen die Weibchen. Die Tiere ziehen einzeln, treffen jedoch an beliebten Rastplätzen mit geeigneter Vegetation
und gutem Futterangebot wieder auf Artgenossen und viele
andere Zugvögel. Sie haben keine Zeit zu verlieren. Denn die
Gefahren auf dem Zug sind zahlreich. Die Vögel, die es schaffen, die nördlichen Ufer des Mittelmeeres zu erreichen, machen
sich nun weiter auf den Weg Richtung Norden. Die Wetterlagen
rund um die Alpen entscheiden wohl darüber, wann die Ankunft
im Brutgebiet erfolgt. In Berlin und Brandenburg kommt der
Großteil der Männchen zwischen dem 20. und 25. April an. Wer
da ist, beginnt, sein Territorium ins Leben zu singen. Wenn
der Sängerwettstreit keine Klärung bringt, kann es in dieser
Zeit handfeste Auseinandersetzungen zwischen den Männchen
geben. Mitunter kommt es nach Ankunft weiterer Männchen
zur Neusortierung der Territorien. Nachts wird gesungen, am
Tage auch, aus Singwarten in der unteren Hälfte der Baum-
wipfel oder im Gebüsch. Wenige Tage später kommen auch die
Weibchen an. Aus Telemetrie-Studien ist bekannt, dass sie weit-
räumig zwischen den lauthals singenden Herren hin und her
fliegen, die »Lage sichten«.
    Weiterhin wissen wir, dass die Männchen einen zweiten
Gesangsstil parat haben, sobald ein Weibchen sich nähert. Der
Balzgesang ist leiser, klingt zwitschernd und sanfter als der Ter-

ritorialgesang. Zur Balz gehört eine grazile Choreographie beider potenzieller Partner inklusive Schwanz-Auffächern, Trippelschritten, Flügelspreizen und Schwirrflügen. Tatsächlich ist das Paarungsgeschehen recht kryptisch, also äußerst schwierig zu beobachten. Ist das Weibchen paarungsbereit, zeigt sie das für viele Vogelarten typische »Copulation Solicitation Display«. Was im Englischen fast wie ein Zauberspruch klingt, ist ins Deutsche technisch-schlicht als »Kopulationsaufforderungsverhalten« zu übersetzen. Dabei bleibt das Weibchen auf einem Ast sitzen, verlagert das Gewicht nach vorne und bewegt die Flügel leicht auf und ab. So liegt die Kloake frei und das Männchen ist eingeladen, durch Aufeinanderpressen der Kloaken die Verpaarung einzuleiten. Schnell und unspektakulär, und ausnahmsweise einmal nicht von Gesang begleitet. Stattdessen wird das Geschehen von sanft bis harsch klingenden Rufen vertont, von beiden Tieren.

Nach erfolgter Begattung inspiziert das Paar das vom Männchen besetzte Territorium, um einen geeigneten Standort für das Nest zu finden. Ist die Entscheidung gefallen, baut das Weibchen das Nest, zumeist direkt am Boden, tief in einer üppigen Krautschicht oder am holzigen Ansatz eines Busches. Nach vier Tagen ist das zunächst spärlich angelegte Nest mit feinerem Material ausgekleidet. Das Männchen hält sich in der Nähe des Weibchens auf und bewacht es, denn Mann weiß ja nie, wer da dem Weibchen Übles will oder was das Weibchen im Schilde führt. Irgendwann sind dann schließlich, jeden Tag eins, alle Eier gelegt und das Weibchen beginnt zu brüten. 14 Tage dauert das. Das Männchen singt einstweilen wieder seinen Territorialgesang, manche nachts, am Tage alle.

Die im Mittel fünf Küken im Nest werden in den ersten Tagen noch vom Weibchen gewärmt, »hudern« wird das genannt. In alten Beschreibungen heißt es, dass Nachtigallküken wie alle Nesthocker in den ersten Tagen unsäglich hässlich sind. O. k., sie

haben einen dicken Kopf mit riesigem, wulstigem Schnabel und hervorstehenden Augen, die noch geschlossen sind. Der lange Hals hat ebenso wenig Muskelspannung wie die Beine. Bei einem Menschenbaby würde der Kinderarzt sofort Hypotonie diagnostizieren. Dass aus der nackten faltigen Haut des Körpers zwei ebenfalls nackte Flügelansätze herausragen, wirkt sich nicht gerade positiv auf das Erscheinungsbild aus. Dafür haben die Küken keck anmutende dunkle Federdaunen auf dem Kopf! Und sobald es ans Füttern geht, werden sie äußerst agil und sperren ihre gelb umwulsteten Schnäbel weit auf, so dass die Eltern die rot-gelbe Rachenzeichnung erblicken, die den Fütterakt auslöst. Beide Altvögel füttern, zu ähnlichen Anteilen.

Von Sonnenauf- bis Sonnenuntergang wird Futter eingetragen, alle ein bis drei Minuten fliegt eine Altvogel das Nest an. Die Auswahl geeigneter Nahrung ändert sich mit dem rasanten Wuchs der Küken. Während es in den ersten Tagen noch winzige Fliegen und Ameisen sind, werden die Portionen mit jedem Tag größer. Raupen, Insekten, Spinnen sind willkommen. Die Küken feuern die Eltern bei der unermüdlichen Nahrungssuche an, indem sie Bettelrufe von sich geben. Die werden mit jedem Tag umso lauter, je kräftiger die Küken werden. Die Eltern passen ihre Fütteranstrengungen an die Intensität der Bettelrufe an. Mit etwa elf Tagen sind Nachtigallküken flügge und verlassen das Nest. Die Familie zieht nun gemeinsam am Boden durch die dichte Krautschicht. Der Zusammenhalt wird über Kontaktrufe gesichert, die Tiere bleiben unsichtbar.

Etwa eine Woche später beginnen die Jungvögel zu fliegen und selbst Nahrung zu suchen. Dann beginnt die Auflösung des Familienverbandes und jeder geht seiner Wege. Der Gesang ist nun ganz eingestellt, das Territorium hört damit auf zu existieren. Die Küken haben nach etwa 40 Tagen in ihr erstes Jugendkleid gewechselt, die Adultvögel gehen durch die jährliche Vollmauser.

Optisch unauffällig sind die Nachtigallen ja eigentlich immer, nun verstummen sie auch noch nahezu vollständig. Sich, so gut es geht, unsichtbar und unhörbar zu machen, ist die beste Strategie, um während der Zeit des Federumbaus, in der die Manövrierfähigkeit durchaus eingeschränkt sein kann, nicht doch noch Opfer hungriger Carnivoren zu werden. Es ist nun auch Zeit für die Umstellung der Ernährung. Statt des stark insektenhaltigen Speiseplans werden jetzt auch Früchte verzehrt, um die nötigen Reserven für den Herbstzug aufzubauen. In der zweiten Augusthälfte geht es los auf den weiten Flug. Nachts, jeder für sich, völlig unspektakulär. Schließlich, etwa Mitte Oktober, kommen die Tiere an ihrem ebenfalls jedes Jahr in der gleichen Gegend gewählten »Winter«standort an. Es ist natürlich keinesfalls Winter dort, im Gegenteil, es blüht und grünt in allen Farben, der Tisch ist für die Nachtigallen überreich gedeckt.

Details des Treibens und Tuns außerhalb der Brutsaison sind noch nicht erforscht. Es wird noch zu berichten sein, dass unser Meistersänger diese Zeit nutzt, um an seinem Gesang zu feilen. Territorien werden in dieser Zeit wohl eher nicht verteidigt, die Vögel leben in gemischten losen Gruppen, bevor es im März dann wieder losgeht: Zugunruhe.

So teilt sich das Jahr für die Nachtigall in vier Phasen: Frühjahrszug, europäische Brutsaison, Herbstzug, afrikanische Saison. Die längste Zeit wird in Afrika verbracht: 160 Tage verbringen die Vögel dort, außerdem jährlich 80 Tage auf Zug-Reisen. Für die europäische Brutsaison bleiben nur 125 Tage.

Zusammen ergibt das das Jahr der Nachtigall. In den allermeisten Punkten reiht sie sich mitten in die lange Reihe der heimischen Singvögel ein. Sie ist größer als der Zaunkönig, aber kleiner als die Amsel. Sie ist intensiver gefärbt als der Zilpzalp, aber längst nicht so farbenfroh wie der Stieglitz. Sie trifft später aus Afrika ein als der Hausrotschwanz, aber längst nicht so spät wie der Gelbspötter. Sie kommt weniger häufig vor als die Kohlmeise, ist aber längst nicht so selten wie der Ortolan. Es ist also – relativ betrachtet – vieles an ihr »Mittelmaß« und sehr vergleichbar mit vielen anderen Singvogelarten. Wie konnte es der unscheinbare kleine braune Vogel zu so hohem Bekanntheitsgrad, riesiger Projektionsfläche und anhaltender Beliebtheit bringen?

II.

GESANG –
VON WEGEN LIEBESDUETT ...

Unzählige Strophen –
Die Einzigartigkeit des Nachtigallgesangs

Ein-zig-ar-tig-keit. Ein sperriges Wort, und sehr lang. Daher passt es gut zum Gesang der Nachtigall. Nicht nur wegen der Länge. Jeder Gesang jedes Männchens mit seinen Strophen und Pausen in jeder Frühlingsnacht ist einzigartig und unverwechselbar. In offenen Auenlandschaften, aber auch an Seeufern, Wald- und Ackerrändern, sofern sie mit Hecken umgeben sind, und in vielen Stadtparks erklingt nächtens ein nicht reproduzierbarer Klangteppich, gewebt von vielen Nachtigallmännchen, die in Hörweite voneinander sitzen, unterlegt von den jeweils typischen Hintergrundgeräuschen.

So auch im Berliner Treptower Park, der zwanzig Jahre lang im Fokus meiner Forschung und der meiner Kolleg:innen stand. Die Hintergrundgeräusche dort hätten ein eigenes Kapitel verdient, denn vor allem auf unseren urbanen Stadtaufnahmen findet sich immer wieder interessanter »Beifang«. Zum Sammelsurium gehören tierische und menschliche Wohl- und Missklänge: Grillenzirpen, das Bellen von Rehen, Käuzchenrufe, durchs Gebüsch trampelnde und schmatzende Igel. Igel sind nachts wirklich unfassbar laut. Und die menschlichen Beiträge: sachliche Gespräche, Liebesgeflüster, aber auch Grölen, Kreischen und Juchzen. Versuche, den singenden Vogel im Vorbeigehen zu imitieren. Um Mitternacht Happy-Birthday-Chöre, öfter auch Pinkelgeräusche. Wir hatten Glück: immer knapp neben dem Mikrofon.

Die Klänge der Großstadt dürfen auch nicht fehlen: Autos, Sirenen von Kranken- und Polizeiwagen, und immer wieder der Signalton beim Schließen der Berliner S-Bahntüren. Auf jeder Aufnahme aus dem Treptower Park ist ein tieffrequentes Brummen zu hören. Es stammt vom Heizkraftwerk Klingenberg, das am gegenüberliegenden Spreeufer arbeitet.

Wie können sich die Herren Nachtigallen vor dieser Geräuschkulisse überhaupt Gehör verschaffen? Mit den allermeisten der beschriebenen Klänge kommen sie sich einfach kaum ins Gehege, denn sie singen in höheren Tonlagen. Nachtigallen singen in Frequenzen zwischen 1000 und 8000 Hertz, der meiste menschengemachte Lärm liegt deutlich darunter. Dadurch werden die Klänge nicht vom Stadtlärm maskiert. Es gibt aber Ausnahmen: Tiere, die an Schnellzugtrassen sitzen, werden für die Zeit der durchfahrenden Züge komplett unhörbar – jedenfalls für das menschliche Ohr. Indem wir uns kühn zwischen Vogel und Bahntrasse gestellt haben, können wir aus dem Auge des Lärmorkans berichten: Die Vögel unterbrechen angesichts des überwältigenden Krachs ihren Gesangsvortrag nicht – sie singen durch.

Auch wenn ich gerade versichert habe, dass jeder Gesangsvortrag einzigartig ist, gibt es im Gesang von Nachtigallen natürlich doch Regelhaftigkeiten. Neben den benannten typischen Frequenzlagen gibt es auch Regeln der zeitlichen Dimension. Strophen von circa vier Sekunden Dauer wechseln mit etwa ebenso langen Pausen ab. Eine Strophe besteht typischerweise aus vier Teilen. Sie werden Alpha-, Beta-, Gamma- und Omega-Teil genannt. Eine Fachterminologie, die außerhalb der winzigen Nachtigallforschungswelt niemand kennt und braucht. Mir ist sie als Teil dieser Mikrowelt im Laufe der Jahre aber so geläufig geworden, dass ich die Strophen kaum ohne sie beschreiben mag.

Eine Strophe beginnt mit einem sehr leise vorgetragenen Anfang, dem Alpha-Teil. Es sind ein bis drei kurze Geräusche, die noch gar nicht vom Stimmorgan, der Syrinx, produziert werden. Sie klingen ein wenig wie Schnalz-Schmatz-Geräusche, die wir mit dem Mund machen können, nur viel zarter. Ich stelle mir vor, dass die Nachtigall in diesem Moment ihren vokalen Trakt für die folgende Strophe in Position bringt, sozusagen Voreinstellungen vornimmt. Ob sie, ähnlich wie das menschliche Räuspern vor dem Beginn einer Ansprache, damit auch um Aufmerksamkeit des Publikums heischt, hat noch niemand genauer untersucht.

Erst danach beginnt der gut und weithin vernehmbare Beta-Teil der Strophe, wobei hier zunächst einige Elemente einzeln aufeinanderfolgen, häufig in kontrastierenden Tonlagen. Hoch, tief, tief, ganz hoch – wie ein Vorspiel für das folgende Herzstück der Strophe, den Gamma-Teil. In diesem wird eine kurze Folge von einem oder sehr wenigen kurzen Elementen vielfach hintereinander hervorgebracht, so dass der typische Trill oder »Schlag« entsteht. Manchmal folgt ein weiterer Gamma-Teil, basierend auf einer Kombination anderer Elemente, bevor die Strophe mit einem einzelnen, zumeist hochfrequenten »Terminalelement« endet. Omega, Ende. Pause. Es folgt die nächste Strophe.

Falls Sie diese idealtypische Strophenbeschreibung darüber ins Grübeln gebracht hat, wo denn da eigentlich die für das menschliche Ohr so sehnsuchtsvoll klingenden Abfolgen von Pfeifelementen hinpassen: gar nirgends. Pfeifstrophen gehören zu einer eigenen Kategorie von Strophen, die nicht ins bisher beschriebene Schema passen. Stattdessen beginnen sie mit ebenjenen Pfeifelementen, die variabel oft wiederholt werden. Innerhalb einer Folge von Pfeifern bleibt die Frequenz zumeist recht konstant, Dauer und Lautstärke steigern sich aber leicht von Element zu Element, es ergibt sich der Eindruck eines Crescendo. Schmachten, Sehnsucht.

Etwa jede achte Strophe im Gesang ist eine Pfeifstrophe. Und etwa dreißig verschiedene Pfeifstrophen hat ein Vogel in seinem Repertoire. Das komplette Repertoire mit allen Strophentypen umfasst etwa 180 verschiedene Strophentypen pro Männchen, wobei es starke Unterschiede zwischen Männchen gibt: einige bringen es nur auf achtzig, andere auf knapp zweihundertfünfzig Typen. In jedem Fall sind das im Vergleich zu den meisten anderen Vogelarten unglaublich viele. Manche Arten haben nur eine einzige Strophe, die sie ihr Leben lang vor sich hin trällern, manche sogar nur eine einzige Silbe. Der Buchfink kommt mit ein bis fünf Strophentypen aus, Meisen ebenso. Es gibt zwar neben der Nachtigall auch andere Arten, die sehr vielseitig singen, wie etwa die Lerche oder das Rotkehlchen. Doch die kombinieren ihre Elemente immer wieder neu. Die Nachtigall trägt ihre vielen Strophentypen jedes Mal auf dieselbe Art und Weise vor.

Und damit haben wir an den Kern der »Einzigartigkeit« des Nachtigallgesangs gerührt. Wenn eine Nachtigall eine Strophe wiederholt, dann ist der Wiedererkennungswert unglaublich hoch. Die Tiere singen also sehr viele verschiedene Strophentypen, diese aber immer wieder stereotyp. Es hat also nicht jede Nachtigall ihre eigenen Strophen. Es verblüfft selbst Kenner:innen der Materie immer wieder, *wie* gleich der Gesang bleibt. Frequenzen, Elementfolgen, Elementdauern sind frappierend konstant. Und zwar nicht nur innerhalb eines Gesangsvortrages, sondern auch viel weitgreifender in Raum und Zeit. Um das essenzielle Glossar noch einmal zusammenzufassen: Von »Gesang« rede ich ganz allgemein immer, wenn ich quasi das ganze »nachtigallische Lied« meine. Ein Gesang oder Lied besteht aus Strophen. Und wenn dieselbe Strophe erneut gesungen wird, gehört sie entsprechend zum selben Strophentyp.

Es wäre unmöglich, diese Details zu beschreiben, wenn man sich allein auf sein Gehör verlassen müsste. Die wissenschaft-

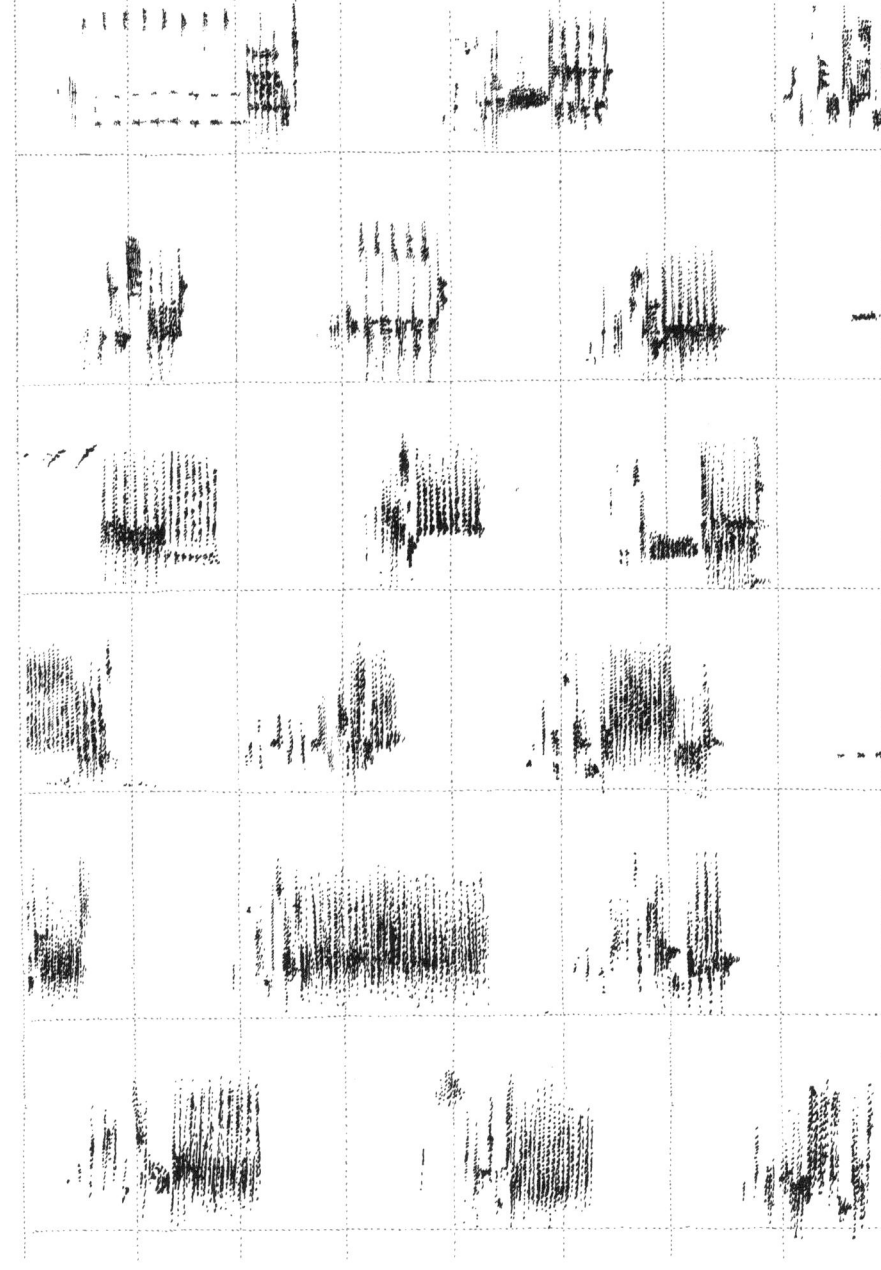

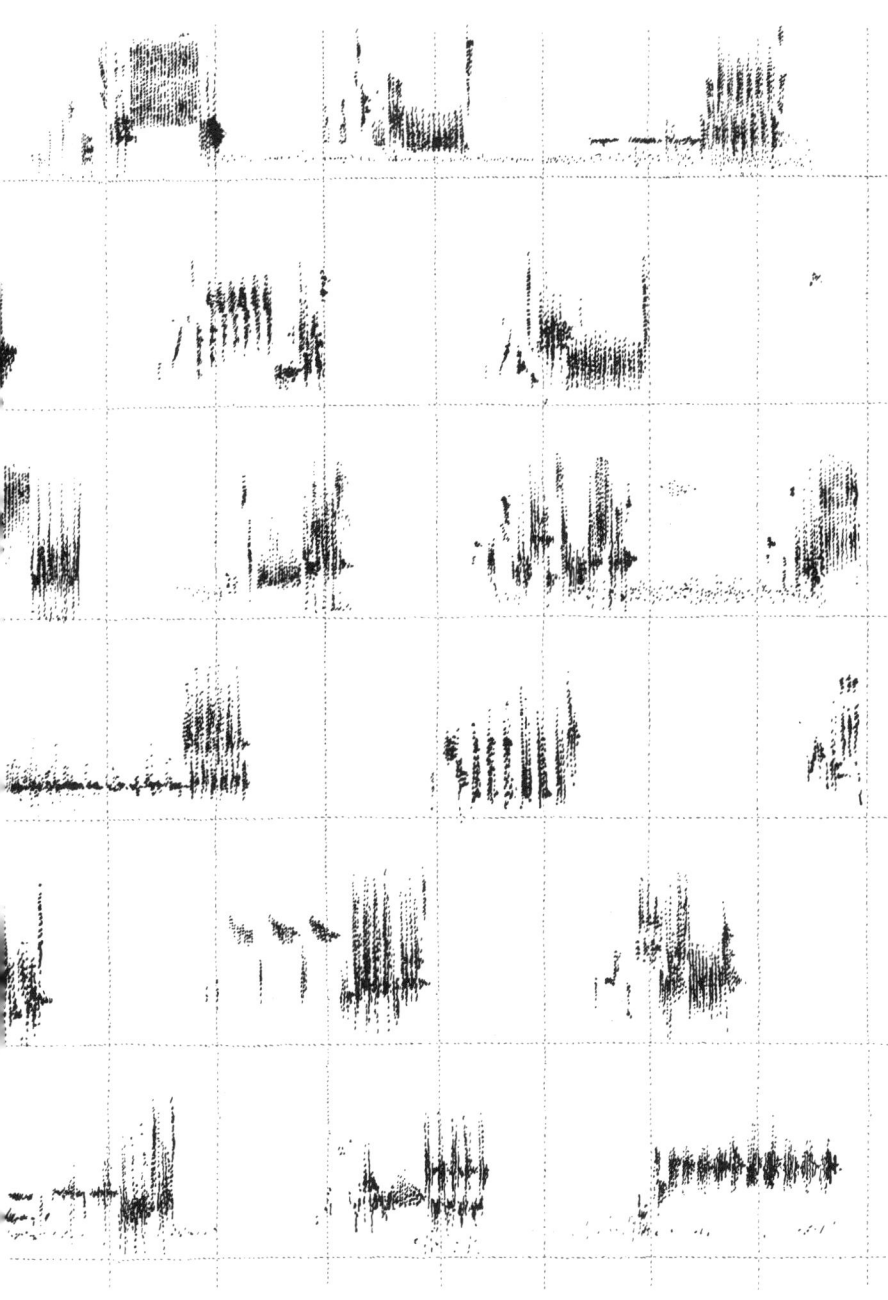

liche Analyse der Gesänge basiert auf Abbildungen der Klänge. Fürs Erste muss man wissen, dass bei dieser Form von Klangbildern die Zeit auf der x-Achse von links nach rechts fortläuft und auf der y-Achse die Frequenzen aufgetragen sind. Je dunkler eine Struktur, desto lauter erscheint sie in der Aufnahme. Für den Vergleich gilt, dass das, was gleich aussieht, auch gleich klingt.

Viele solcher Klangbilder habe ich im Laufe meiner Forschungsjahre verglichen. Egal, ob man den Gesang eines Männchens über viele Jahre verfolgt oder die Männchen einer Saison im Treptower Park vergleicht oder auch Gesänge aus verschiedenen Regionen: wenn ein Strophentyp gesungen wird, ist die Ähnlichkeit, ja, die Gleichheit frappierend. Lediglich die Anzahl der Elemente im Gamma-Teil variiert.

Anhand solcher Klangbild-Vergleiche haben wir also verstanden, dass die Nachtigall keinesfalls Free Jazz singt und die Elemente immer wieder neu zu Strophen zusammensetzt; sondern dass sie im Gegenteil die Strophen ungemein stereotyp vorträgt. Die gleichen Typen finden sich immer wieder, selbst wenn wir die Gesänge vieler Vögel über lange Zeiträume und große Entfernungen miteinander vergleichen.

Nun besteht ein Gesang ja nicht nur aus einer Strophe: In langen Gesangsnächten folgt Strophe auf Strophe, mit kurzer Pause dazwischen, viele Stunden lang. Mehrere Tausend Strophen trägt ein Vogel pro Nacht vor. Will man verstehen, welche Strophen dabei aufeinanderfolgen, müssen sie sequenziert werden. Auch dazu werden Spektrogramme genutzt, indem das »Bild« der Strophe mit den Verbildlichungen im Gesamtkatalog bisher dargestellter Strophen verglichen wird. Um uns die Suche zu erleichtern, haben wir die vielen Strophentypen nach Ähnlichkeiten sortiert und »Typennamen« vergeben. Ist eine Strophe nicht im Katalog zu finden, wird sie als neuer Typ dazugetragen. So ist in jahrelanger Vergleichsarbeit quasi ein Wörterbuch entstanden, ein immer weiter wachsender Langenscheidt *Nachtigallisch*.

Leider ist der Katalog eine reine Übersetzungshilfe und kein Lexikon – ob und welche Information die verschiedenen Strophentypen enthalten, lässt sich darin noch nicht nachschlagen. Das ist der Kern unserer Forschungsfragen.

Das Wörterbuch ist übrigens höchst speziell – es wird nur von einer Handvoll Forschungsenthusiast:innen weltweit genutzt. Zum momentanen Zeitpunkt umfasst das »Werk« knapp 700 Strophentypen. Der Gesang von bislang 120 Männchen ist darin eingeflossen. Da zum Zwecke der Vergleichbarkeit pro Männchen genau 530 aufeinanderfolgende Strophen aus einem Nachtgesang analysiert wurden – das entspricht etwa einer Stunde Gesang –, ergibt sich insgesamt eine Zuordnung von mehr als 63 000 Strophen zu den mehr als 700 Strophentypen. Kaum ein anderes tierliches Kommunikationssystem dürfte in solcher Datenfülle untersucht worden sein.

Andere Tierforscher:innen haben Karteien mit Rückenfinnenformen, mit Fellmustern oder Gesichtszeichnungen entwickelt. Immer geht es darum, Individuen oder eben Strophen anhand visueller Muster wiederzuerkennen. Diese Arbeit ist ein unglaublicher Zeitfresser. Viele Stunden vergehen, ehe der Gesang eines Individuums mit dem Katalog abgeglichen ist und die Strophenbilder in eine lange Liste von Typen übersetzt sind.

»Geht sowas heutzutage nicht digital?«, werde ich sehr oft gefragt. Technisch machbar ist es ganz bestimmt. Spracherkennung funktioniert ja schließlich auch, und menschliche Sprache ist viel variabler als die exakt kopierten Nachtigallstrophen. Ich habe dazu viele Gespräche mit Informatiker:innen, Mathematiker:innen und Self-made-Datenexpert:innen geführt, und alle liefen ähnlich ab:

a)

Bird X

Shortest path: 6.3
Transitivity: 0.296
Distance x²: 15001.9
Repertoire size: 159

b)

Bird Y

Shortest path: 3.5
Transitivity: 0.166
Distance x²: 7249.2
Repertoire size: 151

Expert:in: »Das kann man doch digital machen!«

Ich: »Ja, bestimmt. Wir haben ein paar Ideen dazu ausprobiert, sind aber keine Experten auf dem Gebiet.«

Expert:in: »Das sollte überhaupt kein Problem sein. Schick mir mal ein paar Aufnahmen, dann schreib' ich dir schnell ein kleines Programm.«

Ich: »Bist du sicher? Das haben auch schon andere probiert, ganz trivial ist es wohl nicht?«

Expert:in: »Quatsch, das funktioniert ganz einfach, wenn man _____ (*hier die Spezialmethode des Experten einsetzen, zum Beispiel neuronale Netzwerke, Markovketten oder andere Algorithmen maschinellen Lernens*). Das schicke ich dir in drei Wochen.«

Ich: »Echt? Willst du nicht wenigstens eine Aufnahme nehmen, die wir schon per Auge sequenziert haben? Oder den Katalog, mit dem wir arbeiten?«

Expert:in: »Nein, nein, nur irgendeine Aufnahme. Ich melde mich mit der Lösung.«

Zu einer praktikablen Lösung kam es dann doch nie. Trotz der immer gleichen Strophentypen bleibt der Gesang der Nachtigall sehr komplex und es gibt keine Programme, die für die Analyse gewissermaßen eine Blaupause liefern könnten.

Einstweilen mussten wir uns selbst helfen. Basierend auf den digital generierten Bildern der Strophen, haben wir ein Programm entwickelt, das die Zuordnung ungemein erleichtert. Dabei werden Strophenstücke, genauer: meist ein Stück aus dem Gamma-Teil, mit Mustern aus dem Katalog verglichen. Die passgenaueste Form wird als Zuordnung vorgeschlagen. Es muss nun zwar immer noch »menschlich« entschieden werden, ob die Zuordnung stimmt, aber immerhin spart es das aufwändige Suchen im dicken Katalog.

Schon länger war bekannt, dass Nachtigallen eben nicht ihr ganzes Repertoire von etwa 180 verschiedenen Strophentypen

c)

Randomisation based on bird x

Shortest path: 2.9
Transitivity: 0.061
Distance x²: 0
Repertoire size: 159

hübsch geordnet von A bis Z oder 1 bis 180 runtersingen und dann wieder von vorn anfangen. Komplett chaotisch war die Aufeinanderfolge aber auch nicht – im Kopf der Vögel ist also keine große Lostrommel, die für jede zu singende Strophe zufällig 1 aus 180 ausspuckt. Bestimmte Strophentypen tauchen immer wieder hintereinander auf – sowohl wenn man den Gesang eines einzigen Vogels betrachtet als auch im Vergleich mehrerer Vögel. Und es fiel noch etwas auf: Es gab Vögel, die längere Ketten von Strophenfolgen immer wieder sangen. Andere Vögel hatten kürzere und weniger solcher Folgen, ihre Sequenzen gerieten mehr durcheinander. Konnte es sein, dass auch diese Abfolge von Strophen bestimmten Regeln folgte? Wir konnten dies erforschen, indem wir Gesangssequenzen als Netzwerke darstellten.

Die Punkte sind dabei Strophentypen, je größer ein Punkt, desto häufiger wurde der Typ gesungen. Linien verbinden die aufeinanderfolgenden Strophen. Da gab es zum Beispiel Vogel X, einen sehr »geordneten« Sänger, der seine Strophen immer wieder in ähnlichen Reihenfolgen sang.

Vogel Y hingegen ist ein eher ungeordneter Sänger. Dadurch, dass er die Strophen immer wieder in anderer Reihenfolge sang, entstehen viele Verbindungen. Gänzlich ungeordnet ist allerdings auch dieser Gesang nicht: einige sequenzielle Regelhaftigkeiten hat auch dieser Vogel. Erst ein randomisiertes Netzwerk, bei dem alle gesungenen Strophen eines Vogels von uns zufällig hintereinandergewürfelt wurden, zeigt die visualisierte Unordnung der Lostrommel.

Was wir wissen wollten: Lassen sich aus der Ordnung – oder besser »Geordnetheit« – eines Gesangs Rückschlüsse auf den Sänger ziehen? Was kann zum Beispiel ein Weibchen, das dem Gesang über längere Zeit lauscht, aus den Sequenzen heraushören? Allerhand! Die Sequenzen von einjährigen Vögeln in ihrer ersten Brutsaison sind deutlich ungeordneter als die der älteren Herrschaften. Es kommt aber noch besser: mehr Ordnung in der Gesangssequenz korreliert mit stärkerer späterer Beteiligung an der Fütterung der Küken! So singen die Männchen also in ihren Sequenzen lautstark vor sich hin, wie sie sich später als Väter schlagen werden. Da will ich doch hoffen, dass die Nachtigall-Damen solche relevante Information dekodieren können, mit welchem Algorithmus auch immer!

Apropos lautstarkes Singen: Nachtigallen singen laut, sehr laut. Etwa zwischen 70 und 95 Dezibel sind es einen halben Meter vom Vogel entfernt. In dieser Spannbreite finden sich die Lautstärken von Staubsauger, Streitgespräch, Saxophonspiel oder einer Holzfräse. Kein Wunder, dass die romantisch im Apfelbaum vorm Schlafzimmerfenster singende Nachtigall auch als schlafstörender nächtlicher Lärm empfunden wird. Ab und an erhielt ich Anrufe hilfe- und schlafsuchender nachtigallgeplagter Bewohner:innen von Schlafzimmern in Garten- oder Parknähe, die sich von mir ein Patentrezept gegen das laute Singen erhofften. Mehr als die Anschaffung von Ohropax konnte ich ihnen leider nicht raten. Denn die biologische »Vergrämungsmethode«, bei der man dem echten Sänger durch eine genauso laute Klangattrappe eines Gesangs vorgaukelt, dass das Revier schon besetzt ist, hätte ja keine Abhilfe geschaffen.

Ein Blick aufs Detail zeigt, dass die verschiedenen Teile der Strophe unterschiedlich laut vorgetragen werden. Und auch generell singen Nachtigallen nicht beständig am Lautstärke-Limit. Die Vögel singen tatsächlich lauter, wenn es in der Umgebung lauter ist.

Dieser Effekt ist für Menschen seit langem beschrieben und wird nach seinem Entdecker »Lombard-Effekt« genannt. Wenn Sie schon einmal versucht haben, ein Gespräch in einer vollen Kneipe oder in einer ähnlich lärmigen Klangkulisse zu führen, wird Ihnen vielleicht aufgefallen sein, dass das Sprechen immer anstrengender wird – Sie sprechen intuitiv lauter. Das ist der Lombard-Effekt. Können Vögel also auch.

Darüber hinaus nutzt die Nachtigall noch weitere Tricks, um sich Gehör zu verschaffen. Die Wahl der Singwarte zählt dazu, aber auch die Körperposition spielt eine Rolle. Eine Nachtigall, die auf einem Ast »vor sich hin« singt, dreht Körper und Kopf alle paar Strophen in verschiedene Richtungen. Der Gesang ist in Richtung der Schnabelspitze am lautesten und breitet sich damit in diese Richtung am besten aus. Hinter dem Vogel kommt weniger an. Die Unterschiede sind nicht massiv, aber durchaus messbar und auch wahrnehmbar. Wenn man sein Ohr vor oder hinter einen Lautsprecher hält, findet man das bestätigt. Im Singen ohne Gegenüber sorgt die Nachtigall also durch Drehen und Wenden dafür, dass ihre Klänge rundum auf das Ohr der geneigten Zuhörerschaft treffen können. Wenn sich dann tatsächlich ein Gegenüber akustisch dazugesellt, sprich: ein anderes Nachtigallmännchen ein Stück entfernt ebenfalls singt, wird der Gesang gerichtet. Der Schallaustrittsort, also die Schnabelspitze, wird in Richtung des Adressaten fixiert. Und hier hören die Analogien zur menschlichen Kommunikation nun endlich einmal auf. Die beiden interagierenden Nachtigallen sehen sich beim wechselseitigen Ansingen nämlich nicht in die Augen – die liegen dafür viel zu weit seitlich! Aber es geht ja auch darum, dass akustische Signal zu richten, nicht den Blick.

Wie produziert der winzige Vogelkörper eine so gewaltige Klangkulisse? Wie eigentlich jeder Aspekt des Vogelgesangs wird auch die Gesangsproduktion und der Stimmapparat von einer kleinen wissenschaftlichen Community intensiv beforscht. Wie nutzen Singvögel ihre beiden Stimmorgane, die Syringen, um die Gesänge zu produzieren? Wie wird der Luftdruck für die beeindruckend lauten Klänge aufgebaut? Wie sind die Muskeln,

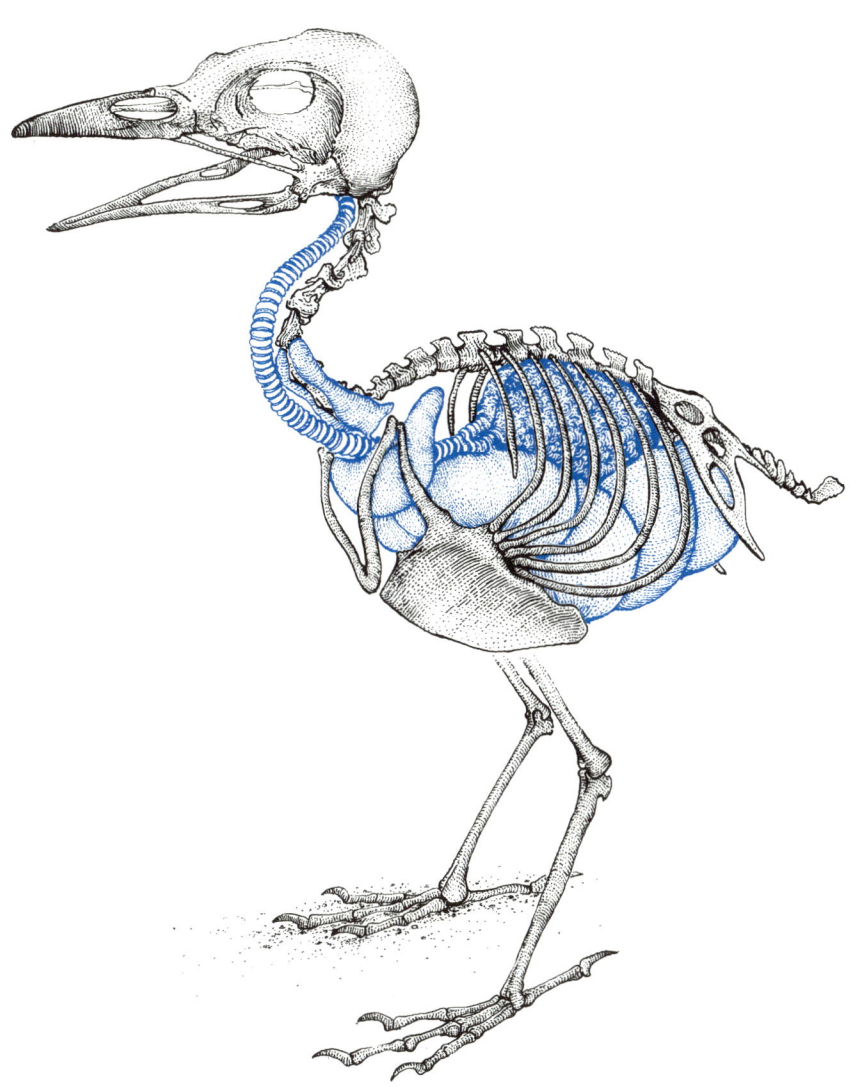

die die Syringen und den anschließenden vokalen Trakt mit dem Schnabel als Schallaustrittsort in Stellung bringen, beschaffen?

Anders als unser Stimmorgan, die Larynx, die wir nur beim Ausatmen zur Stimmproduktion nutzen können, zirkuliert der Atem-Luftstrom im Vogelkörper über mehrere »Luftsäcke« so trickreich, dass er die Schallmembranen der beiden Syringen beständig in Schwingung versetzen und damit Töne erzeugen kann. Auch die Nachtigall produziert ihre Klänge entsprechend »zweitönig«.

Einige der Muskeln, die die Syringen in die richtige Fein-Stellung bringen, arbeiten beeindruckend schnell. Sie werden fachterminologisch »superfast muscles«, superschnelle Muskeln, genannt. Für einen speziellen Klang im Gesang der Nachtigall, das brummelig klingende *buzz*-Element, wurde sogar befunden, dass die an der Produktion beteiligten Muskeln zu den schnellsten gehören würden, die bislang beschrieben sind. Super-superschnell also.

Die virtuose Abstimmung aller an der Klangerzeugung beteiligten Muskeln obliegt dem Gehirn. Wie und wo im Vogelgehirn die Lautproduktion verwaltet wird, treibt die Wissenschaft natürlich ebenfalls um, und hier ist die Forschercommunity gar nicht so klein.

Wie die Nachtigall
ihre Lieder lernt

Die wichtigste Botschaft dieses Kapitels steckt schon in der Überschrift: die Nachtigall *lernt* ihre Lieder. Alle einhundertachtzig oder auch noch-ein-paar Strophen, die sie singt!

Diese erstaunliche Fähigkeit zum Erlernen von Klängen teilt sie mit allen Singvögeln. Und mit den Papageienvögeln, deren Fähigkeit zum direkten Wiederholen und sogar Antworten derart fasziniert. Wenn wir noch die Kolibris dazu nehmen, sind aber auch schon alle gesangslernenden Vogelgruppen benannt. Weder der Kuckuck muss seinen Ruf lernen – das wäre ja auch äußerst unpraktisch bei seiner Kinderzeit als Fremdling im Wirtsnest –, noch müssen Bussarde oder Spechte ihr reichhaltiges Ruf-Repertoire erlernen. Auch in anderen Tiergruppen hat sich die Fähigkeit, Klänge aus der Umwelt aufzunehmen und direkt oder zeitverzögert später selbst zu produzieren, im Lauf der Evolution nur selten entwickelt. Es mehren sich Erkenntnisse, dass Wale und Delphine ihr inhaltsreiches Pfeif-Repertoire erlernen. Und wir Menschen haben alle genetischen Voraussetzungen, um uns ein komplexes Lautrepertoire, eine Sprache, durch Lernen anzueignen. Vielleicht war sogar genau diese Fähigkeit das Alleinstellungsmerkmal unserer Spezies, der Beginn einer zwischenzeitlichen Erfolgsstory mit offenem Ende? Unter unseren nächsten Verwandten, den Affen, gibt es zwar einige vokal sehr aktive Arten – doch ihre Rufe werden nicht erlernt. Jedenfalls nicht durch Imitation. Im feinen Unterschied zum echten Nachahmungslernen durch Imitieren können sehr viele Arten ihr angeborenes vokales Repertoire modifizieren, indem sie den Einsatz der Klänge, ihre Häufigkeit, Lautstärke oder Reihenfolge je nach Situation und basierend auf Erfahrungen nachjustieren. Mit allergrößter Wahrscheinlichkeit sind so zum Beispiel all die Anekdoten und Aufnahmen von »sprechenden« Robben, Hunden oder Katzen entstanden. Man spricht dann von »vokaler Plastizität«, aber nicht von Lernen.

Das echte vokale Lernen ist dagegen eher eine seltene Ausnahme und nicht die Regel. Ein guter Grund also, diese Lernleistung der Singvögel genauer zu untersuchen, auch in Hinsicht auf das Verständnis des Sprachenlernens von Menschen. Eine kleine, gut vernetzte, weltweit verstreute Forschergemeinschaft machte sich in den 1980er Jahren auf den Weg, dem Geheimnis des Gesangslernens auf die Spur zu kommen. Die inzwischen zum Allgemeingut gewordenen Erkenntnisse darüber, wie Vögel ihre Gesänge lernen, wurden nur an einer Handvoll Vogelarten gewonnen – die Nachtigall ist eine davon. Immerhin umfasst ihr Repertoire mit etwa 180 gelernten Strophen mehr als das eines etwa zweijährigen Kindes, das etwa 25 bis 50 Worte spricht und 250 versteht. Wie wir gleich sehen werden, singt auch die Nachtigall nicht zwingend alles, was sie »versteht«.

Um nachzuvollziehen, wie die Gesänge über das ja gar nicht als solches ausgeformte Vogelohr ins Gehirn gelangen, wie sie dort gespeichert und schließlich als eigener Gesang vorgetragen werden, wurden mit Nachtigallen in den 1980er und 90er Jahren an der Freien Universität Berlin in ›universitärer Haltung‹ Lernexperimente durchgeführt. Dank der Forschung und auch der Gastfreundschaft von Henrike Hultsch und Dietmar Todt entwickelte sich Berlin zur Hauptstadt der Nachtigallgesangsforschung und zum Treffpunkt für die weltweit führenden Arbeitsgruppen in Sachen Gesangslernen.

Das Ziel der Lernexperimente war es, die volle Kontrolle darüber zu haben, was die Vögel hören, und die volle Dokumentation darüber zu erstellen, was sie später singen. Nur so konnte individuelles Lernen mit den Mitteln der damals zur Verfügung stehenden Technik nachvollzogen werden.

Jede Aufzuchtsaison begann damit, dass junge Nachtigallküken im Alter von wenigen Tagen von gefährdeten Standorten in den Berliner Parks ins Labor gebracht wurden – mit allen entsprechenden behördlichen Genehmigungen, versteht sich. Dort wurden die Winzlinge zunächst von einem ganzen Team Ersatzeltern, bestehend aus Tierpfleger:innen und Studierenden, umhegt. In beheizten Nestern untergebracht, wurden die Küken von Sonnenauf- bis Sonnenuntergang mindestens halbstündlich gefüttert. Auch das Entfernen der Kotballen gehörte dazu, genau so, wie es die Elterntiere draußen getan hätten. Gefüttert wurde ein zäher, höchst aufwändig herzustellender Brei, dazu gab's als Leckerbissen Bienen- und Wachsmottenlarven.

Mit dem Flüggewerden nach etwa zehn Tagen lebten die Nestlinge noch ein paar Wochen gemeinsam im Großkäfig. Auch hier wurden sie, nun auf Ästchen oder am Boden sitzend, weiter gefüttert. Wenig später war es dann aus mit der sozialen Verträglichkeit und die Tiere bekamen ihre individuellen Käfige oder Volieren. In der Phase des Flüggewerdens begannen die Lernexperimente. Dabei setzte sich eine:r der an der Aufzucht Beteiligten im immer gleichen Outfit zu den Jungvögeln, startete eine Kassette mit Nachtigallgesang und bewegte dazu den Mund in Ermangelung eines Schnabels. Versteh einer, was dabei im Vogelhirn vor sich ging – mit dieser visuellen Unterstützung lernten die Scholaren die Strophen jedenfalls besser als ohne »soziale Begleitung«. Ein erstaunlicher Befund für einen Vogel, der zumindest im Erwachsenenalter die allermeiste Zeit des Jahres ein sozial unverträglicher Einzelgänger ist!

Ich erinnere mich noch sehr gut an die Stunden als »Gesangstutorin«, während derer ich die im Halbkreis rund um mich und den Lautsprecher aufgestellten Jungtiere in ihren Käfigen beobachtete. Ich war durchaus nervös und voller Zweifel, ob diese Tiere tatsächlich irgendetwas lernen würden. Es war nämlich keineswegs so, dass andächtig gelauscht wurde, sobald das Vorspiel der Strophen begann. Im Gegenteil, einige Kerlchen ließen mitnichten erkennen, dass sie überhaupt wahrnahmen, was da Bedeutungsschweres aus dem Lautsprecher klang, passend von Mundbewegungen der Tutorin begleitet. Stattdessen wurde weiter geknibbelt, gepickt, gehopst, geflattert oder geschlafen.

Auch wenn mich das mitunter zur Schau gestellte Desinteresse daran zweifeln ließ, waren wir dabei doch schon mitten in der ersten Phase des Gesangslernens, nämlich der sensorischen Phase. In dieser Phase wird zunächst nur zugehört, wenn auch nicht immer aufmerksam. Das Zeitfenster dafür scheint klar begrenzt. Nur das, was den Vögeln zwischen Mitte Mai und Anfang August »zu Ohren kommt«, hat Chancen, im Jahr darauf gesungen zu werden.

Diese Art des Lernens, bei dem während einer sensiblen Phase Muster erlernt und später genutzt werden, wird als »Prägungslernen« bezeichnet. Die Geruchsprägung von Säugern auf ihren Nachwuchs, die Nachlaufprägung der Entenküken, aber auch die sexuelle Prägung vieler Entenvögel auf das Aussehen der späteren Paarungspartner:in sind weitere Beispiele (so sucht sich eine Gans, die von einem Schwan aufgezogen wird, später einen Schwan als Partner:in). Beim vokalen Lernen haben wir es wohl mit der komplexesten Prägungsleistung zu tun. Wenn alles gut läuft, hat am Ende das Nachtigallküken seinen Artgesang gelernt – oder das Menschenkind seine Muttersprache. Doch so weit sind wir noch nicht. Nach der sensorischen Hörphase kommt – zunächst gar nichts. Erst mehrere Monate später, etwa im November, beginnen die männlichen Jungtiere, ihrerseits Gesänge einzustudieren.

Zunächst klingt das allerdings nur wie unstrukturiertes Gepiepsel, das selbst Kenner:innen der Materie nicht auf Anhieb als Nachtigallgesang erkennen würden. Erst nach und nach klingt es nach Nachtigall. Diese Gesangsontogenese verläuft nicht nur zeitlich, sondern auch strukturell immer in der gleichen Reihenfolge: Zunächst wird eine Vielzahl einzelner, sehr variabler Elemente produziert. Das ist die Phase des »Vorgesangs«. Viele dieser Elemente werden nur einmalig gesungen, oder für eine Weile geübt und dann wieder fallengelassen. Nach und nach ähneln einige Elemente jedoch den Strophen, die den Vögeln vorgespielt wurden. Man spricht in dieser Phase vom »plastischen Gesang«. In weiteren Schritten wird das Repetieren von Elementen geübt sowie die Syntax, also die ›richtige‹ Abfolge der Elemente innerhalb jeder Strophe einstudiert. Zuletzt wird die Abfolge der Strophen geübt und am regelmäßigen Wechsel von Strophen und Pausen gefeilt. Fertig ist der kristalline »Vollgesang«.

Die Ähnlichkeiten zum menschlichen Spracherwerb sind frappierend: zuerst Hören, dann sehr variables »Lautieren«, schließlich über Ein- und Zweisilber das Formen erster Worte, die zu Wortgruppen und Sätzen kombiniert werden. Grammatik »obendrauf«.

Natürlich gibt es immense Unterschiede zwischen dem Menschen- und Vogelgehirn, kein:e ernstzunehmende:r Wissenschaftler:in wäre so naiv, die Sprachzentren des Menschenhirns, eine Broca- oder Wernicke-Region, im Vogelgehirn zu suchen. Zumal das Gehirn der Vögel anders als unseres nicht durch Schichten, sondern eher durch Kerne strukturiert ist, die miteinander in Verbindung stehen.

Es geht also nicht um anatomische Analogien, sondern um funktionale, zum Beispiel darum, wie auditiver sensorischer Input, also das Gehörte, und vokaler Output, das Gesungene, miteinander abgeglichen werden. Abgesehen davon sprechen Befunde aus dem vergangenen Jahrzehnt dafür, dass es auf zellulärer Ebene doch ähnliche oder gleiche Mechanismen sein könnten, die Lernen ermöglichen. Es geht um Spiegelneuronen. Das sind Nervenzellen im Gehirn, die sowohl aktiv sind, also »feuern«, wenn ein Tier eine Handlung selbst ausführt, als auch, wenn jemand anders bei der Ausführung der gleichen Handlung beobachtet oder eben belauscht wird.

In der ersten dazu publizierten Studie ging es um einen Schweinsaffen, bei dem die Aktivität einzelner Zellen der prämotorischen Großhirnrinde gemessen wurde, während er Gegenstände griff, hielt oder zog. Es zeigte sich, dass dieselben Zellen ebenso aktiv waren, wenn der Affe einen Forscher bei derselben Aktivität beobachtete, ohne sie selbst auszuführen. Schnell wurde klar, dass diese spezialisierte Art von Nervenzellen eine wichtige, wenn nicht die entscheidende Rolle beim Nachahmungslernen spielen könnte. So auch beim Spracherwerb des Menschen.

Doch auch, wenn dies höchst wahrscheinlich ist, bleibt es doch bis heute noch Spekulation. Entsprechende Neuronen wurden im menschlichen Gehirn bislang nicht bei der Arbeit beobachtet. Anders bei den Singvögeln. Hier wurden in einem bestimmten Areal des Vogelhirns, dem »High Vocal Center«, kurz HVC, genau solche Spiegelneuronen in Aktivität beobachtet. Sie *feuerten*, sowohl wenn der Vogel ein bestimmtes Motiv selbst sang als auch wenn er das gleiche Motiv nur vorgespielt bekam. Das HVC ist passenderweise eine wichtige Umschaltstelle zwischen dem Hören von Gesang und dem Selbst-Singen, auch beim Gesangslernen.

Die Nachtigall stand bislang nicht im Fokus derartiger neurobiologischer Forschungsansätze – verständlich, angesichts der Fülle und Komplexität ihrer Gesänge. Neurobiologische Daten zur Aktivität von Hirnarealen oder einzelnen Neuronen sind unglaublich stör- und rauschanfällig, das zeigt sich schon bei Vogelarten, die nur ein einziges Motiv immer wieder vor sich hin singen. Der Methodenkoffer zur Erfassung und zur Analyse solcher Daten sollte zunächst besser bestückt sein, bevor man den ambitionierten Plan umsetzt, der Nachtigall beim Singen oder Gesangslernen ins Gehirn zu schauen.

Bei einigen Singvogelarten kommt zu den einmal am Beginn des Lebens eingeübten Klängen in späteren Jahren nichts mehr dazu. Der Zebrafink und einige nordamerikanische Ammer-Arten sind Beispiele dafür. Andere Arten, zu denen auch die Nachtigall gehört, werden als »Lerner mit offenem Ende« bezeichnet: Sie können nach der ersten Gesangslernphase noch neu gehörte Strophen memorieren, und, wenn ein winterlicher »Übungszyklus« mit Vorgesang und plastischem Gesang dazwischenliegt, im folgenden Jahr in ihr Repertoire einbauen. Das Üben scheint dabei allerdings obligat zu sein. Es gibt keine Hinweise darauf, dass Nachtigallen mitten in der Gesangssaison den Gassenhauer des Nachbarn direkt imitieren können. Stattdessen gehen sie Jahr für Jahr wieder durch einen Gesangslernzyklus, beginnend mit einem konsequenten Gesangsstopp am Ende der Brutsaison bis zur Ankunft im Winterquartier. In den darauffolgenden Monaten geht es wieder los mit dem Vorgesang über das Einüben der Elemente, dann der Syntax und schließlich der Strophenabfolgen. Erst bei Ankunft in den Brutgebieten im nächsten Frühjahr hat sich der Vollgesang wieder herauskristallisiert.

Nachtigallmännchen können in ihrer sensiblen Phase eine Strophe bereits nach zwei- bis fünfmaligem Hören lernen. Wobei der Lernerfolg erst im folgenden Frühjahr beurteilt werden kann, denn erst dann kommt das Gelernte zum Vortrag. Wahrscheinlicher und besser gelernt wird aber ab zehnmaligem Tutoring. Dabei gibt es durchaus Strophen, die im Spontangesang nicht gesungen werden. Wenn aber zum Beispiel ein Rivale auftaucht, können durchaus Strophentypen zum Einsatz kommen, die der Vogel solo nicht sang. Das ist eins der Dilemmata, mit denen die Lernforschung zu tun hat: erst durch »Zeigen« des

Gelernten kann der Lernerfolg bestätigt werden. Kommt Ihnen das aus Prüfungssituationen bekannt vor? Es ist die gleiche Problematik: zum Lernen gehören nicht nur das Aufnehmen von Information und das Abspeichern, sondern eben auch der Zugriff im passenden Moment.

Mit so vielen Detailinformationen darüber, wie die Nachtigallen unter experimentellen Bedingungen lernen *können*, war es für mich und meine Kolleg:innen an der Zeit zu schauen, wie sie es in der Natur tatsächlich tun. Naturgemäß lassen sich dabei die Lernvorgänge weder so kontrolliert noch so detailliert beschreiben wie in den geschilderten experimentellen Ansätzen. Mittels langfristiger Planung und vielen nächtlichen Datensammelrunden konnten wir aber doch nachzeichnen, wie sich die Gesänge von Jahr zu Jahr verändern: Wir wissen nun, dass es im Gesangsleben der Nachtigall zwischen der ersten und zweiten Brutsaison große Veränderungen gibt. Nicht nur, dass sich das Repertoire um etwa ein Drittel vergrößert, es wird auch insgesamt so neu sortiert, dass es dem typischen Gesang der heimischen Population immer ähnlicher wird. Es scheint sich dabei nicht nur um strukturelle Unterschiede zu handeln. In Playbackexperimenten reagierten einjährige Vögel anders als ältere auf einen vermeintlichen Rivalen. Die Einjährigen griffen häufiger die Strophe auf, die sie gerade im Playback gehört hatten, sie fielen dem Gegenüber etwas weniger häufig »ins Wort«. All das spricht dafür, dass es im Nachtigallleben nicht nur darum geht, möglichst viele verschiedene Strophen zu beherrschen, sondern dass die Strophen tatsächlich differenziert gewählt und vorgetragen werden. Welche Auswirkungen der noch wenig ausgefeilte Gesang der Einjährigen auf ihre Verpaarungschancen hat, ist unterschiedlich. In manchen Studiengebieten bleiben die Einjährigen eher unverpaart. Bei uns in Treptow war es für die Jungspunde ebenso wahrscheinlich, eine Partnerin zu finden, wie für die Älteren.

Nach den großen Veränderungen zwischen der ersten und zweiten Brutsaison ist die Entwicklung in den Folgejahren (für die Vögel, die überhaupt das Glück haben, ein entsprechendes Alter zu erreichen) eher unspektakulär. Das jeweilige Repertoire wird nicht nennenswert größer, aber es wird von Jahr zu Jahr modifiziert. Manche Strophentypen verschwinden, andere werden plötzlich viel häufiger gesungen als in den Jahren zuvor. Es drängt sich der Eindruck auf, dass jede Nachtigallpopulation ihre Sommerhits hat – jährlich wechselnd. Dagegen fanden wir keine Hinweise darauf, dass es einen quasilinearen Zusammenhang zwischen Alter, Gesang und Paarungserfolg gibt. Das sollte nicht verwundern angesichts der Komplexität dieser Aspekte.

Da wir aus den Lernversuchen wussten, dass der Umbau des Repertoires und der Einbau neuer Strophen nicht auf kurzem Weg aus dem Ohr in den Schnabel erfolgt, sondern dazwischen wieder die winterliche Übephase liegen muss, drängte sich die Frage auf, was und wie freilebende Nachtigallen eigentlich in Afrika singen. Wir verglichen dazu den Gesang unserer Vögel mit Aufnahmen von Nachtigallen, die zwischen Dezember und Februar in Gambia gemacht wurden. Ein Teil der Aufnahmen bestätigte die Ergebnisse der Berliner Lernexperimente. Viele der aufgenommenen Vögel sangen in allen möglichen Formen von Vorgesang oder plastischem Gesang. Doch zu unserer großen Überraschung fanden sich daneben auch Aufnahmen mit quasi perfekten Nachtigall-Gesängen, wie wir sie aus der Brutsaison kennen! Einstweilen muss offenbleiben, ob es einige Männchen gibt, die im Winter doch nicht mehr durch die Übe-Phasen gehen und ihren Vollgesang schlicht beibehalten. Vielleicht die älteren Herrschaften? Alternativ ist auch denkbar, dass die Vögel in Gambia zwei verschiedene Gesangsstile pflegen. Vielleicht wird durchaus am Repertoire gefeilt, gleichzeitig aber ein Teil »gut gesungener Strophen« bereitgehalten.

Aber wofür? Es gibt unterschiedliche Annahmen darüber,

ob Nachtigallen auch im Winter ein Territorium etablieren und verteidigen. Dabei wäre Vollgesang natürlich sehr nützlich, jedenfalls, wenn mit denselben kommunikativen Mitteln rivalisiert werden würde wie während der Brutsaison. Eins ist zumindest sicher: sich verpaart und gebrütet wird zu dieser Zeit nicht. Ganz passend dazu ist auch Nachtgesang in Afrika nicht zu hören, Weibchen sollen vorerst wohl nicht betört werden. Vielleicht geht es auch zwischen den Männchen gar nicht um Rivalität, sondern um Austausch und Angleichung, um im nächsten Frühjahr dann gemeinsam die Weibchen »vom Himmel zu singen«? Neue Aufnahmetechniken würden es inzwischen erlauben, dieser Frage nachzugehen – ein langer wissenschaftlicher Atem, ein moderates finanzielles Budget und das Interesse an echter Kooperation auf Augenhöhe mit den Kolleg:innen vor Ort vorausgesetzt.

Wo wir schon bei offenen Fragen sind: meine Ausführungen beziehen sich ausschließlich auf männliche Nachtigallen. Die Weibchen singen schließlich nicht. Doch wie ist es um ihren »passiven Wortschatz«, also ihre Strophenkenntnis, bestellt? Auch bei dieser Frage ist das Problem die Abfrage des Gelernten. Ein Männchen zeigt uns ja in seinem Gesang direkt, dass es die entsprechenden Strophen gelernt hat. Ob Weibchen als Pendant dazu Vorlieben für das Hören bestimmter Strophen erwerben? Wenn ein Männchen an die zweihundert Strophen memorieren kann, warum dann nicht auch eine weibliche Nachtigall? Es gilt allgemein: Die Rolle der Weibchen ist bislang das am meisten vernachlässigte Thema in der Vogelgesangsforschung. Dabei gehen wir doch davon aus, dass die Weibchen eine ihrer wichtigsten Entscheidungen, nämlich die Partnerwahl, basierend auf der Einschätzung des Gesangs treffen. Und damit kommt ihnen eine essenziell wichtige Rolle in der Evolution von Gesängen allgemein und bestimmten Gesangsausprägungen im Besonderen zu.

Chor, Hip hop battle oder Duett –
Die Nacht als Bühne

Berlin, Anfang Mai. Im Treptower Park, im Tiergarten, in der Hasenheide, im Humboldthain und im »Görli« – eigentlich in jedem Stadtpark und ebenso längs des S-Bahn-Rings und an den Spreeufern – jedenfalls dort, wo der krautig-buschige Wildwuchs noch wachsen darf –, an den Zu- und Abfahrten der Stadtautobahn: überall dort singen sie. Es braucht keinen großen Flecken Stadtgrün, um einem Nachtigallmännchen als Revier tauglich zu sein. Ein paar Sträucher, gern mit Brennnesseln im Unterwuchs, eine Grünfläche oder unversiegelter Boden. Hohe, eng stehende Mauern sind weniger attraktiv – wenn es im typischen Berliner Hinterhof kurz vor Sonnenaufgang schallt, ist es mit großer Wahrscheinlichkeit eher eine Amsel, ein Rotkehlchen oder ein Hausrotschwanz. Einzelne Mauern sind dagegen auch für Nachtigallen interessant – als Verstärker des eigenen Gesangs.

Überhaupt scheinen die Tiere ihre Singwarten intuitiv wahrhaft meisterlich auszusuchen! Der gewählte Ort, meist auf einem kleinen Ast im Busch oder unteren Teil eines Baumgeästes, ist immer bestens geeignet, die Frequenzgänge und Elementfolgen der Strophen passend zu unterstützen und zu übertragen. Die Bionik hat viel vom Echoortungssystem der Fledermäuse und der Wale gelernt, ebenso von der Eignung von Ohrformen beim Wahrnehmen von Klängen. Eigentlich sollte es auch Akustik-Bioniker:innen geben, die versuchen, vom intuitiven Wissen der Tiere um geeignete ›Bühnen‹ für ihre Gesangsvorführungen zu lernen.

Doch zurück zu den Lieblingsorten der Nachtigall. Allein der Begriff ist ja schon vermessen – wir wissen nichts darüber, wo Nachtigallmännchen »am liebsten« ihr Territorium aufschlagen. Ich kann nur beschreiben, wo sie es denn tatsächlich tun. Aus vielen Jahren Nachtigall-Kartierung in diversen Regionen von Berlin, Brandenburg und Europa und aus knapp zwanzig Jahren Beobachtung im Berliner Treptower Park lassen sich folgende Regeln ableiten:

– Siedele dort, wo andere Nachtigallen siedeln.
– Eine Lichtquelle in der Nacht hat noch niemandem geschadet. Wasserflächen ebenso wenig.
– Lärm stört nicht, kann sogar ein Vorteil sein – solange du deine Botschaft noch rüberbringst.
– Und vor allen anderen Regeln gilt: gehe wieder dorthin, wo du im letzten Jahr warst!

Einige dieser Regeln scheinen überraschend, und nicht alle sind schon hinreichend ergründet. Aber so viel lässt sich erklären: Sich in Hörnähe anderer Nachtigallen anzusiedeln, kann für ein Nachtigallmännchen verschiedene Vorteile mit sich bringen – alle in Hinsicht auf das Werben um ein Weibchen. Zunächst einmal kann ortsunkundigen Tieren der Gesang helfen, geeignete Plätze fürs Brutgeschäft zu finden. Außerdem könnte ein Nachtigall-Chor aus vielen Schnäbeln weiter tragen und so mehr potenzielle Paarungspartnerinnen vom nächtlichen Frühlingshimmel herunterlocken. Von verschiedenen Tierarten kennen wir solche »Balz-Arenen«, in denen sich viele Männchen einfinden, um ihre Reize einer möglichst großen Zuschauer- oder -hörerschaft vorzuführen. Aus Sicht des individuellen Männchens umgibt man sich so zwar mit jeder Menge Konkurrenz.

Aber vermutlich ist es effizienter, ein großes Publikum dank der Kraft vieler Stimmen anzulocken.

Und dann geht es um alles, nämlich darum, *die eine* aus dem Publikum für sich zu gewinnen. Hier greift das Bild von der Balz-Arena noch weiter. Tatsächlich singen benachbarte Nachtigallmännchen nämlich nicht einfach ungestüm gegeneinander an. Im Gegenteil, sie nehmen Bezug aufeinander. Der typische Nachtigallgesang ist perfekt geeignet, um auf diese Art zu duettieren oder zu »batteln«. Man kann den anderen aussingen lassen oder ihm »ins Wort fallen«. Und man kann mit der gleichen Strophe antworten, was angesichts von knapp zweihundert verschiedenen Strophentypen, von denen benachbarte Männchen ungefähr zwei Drittel teilen, extrem selten per Zufall passieren würde. Wer ein solches Duettieren oder Duellieren einmal gehört hat, ist ganz sicher, dass der Zufall dabei keine Rolle spielt! Es klingt tatsächlich sehr nach: »Was du draufhast, hab ich erst recht drauf.« Fanden wir jedenfalls, während wir den Gesangsduellen im nächtlichen Park oder später auf den Aufnahmen lauschten. Und so entstand einmal mehr die Idee für ein Experiment. Was macht das Publikum aus diesen »Duellen«? Unsere Hypothese war, dass vermutlich der zweite, der »Nachsinger« doch wohl der Gewinner einer solchen Interaktion sein müsste. Und damit für die kritischen Damen der Gatte der Wahl. Doch weit gefehlt – wenn man den Weibchen Gesänge aus zwei Lautsprechern vorspielte und damit zwei Männchen simulierte, von denen der eine eine Strophe zuerst sang, der andere die gleiche Strophe nachsang, hielten sich die Weibchen zu unserer Überraschung zuerst und länger beim »Vor-Sänger« auf!

Männchen im Publikum übrigens orientierten sich ebenso stärker am Vorsänger. Warum hier der Vorsänger die ›beeindruckendere‹ Rolle innehat, muss zunächst Spekulation bleiben. Dieses und weitere, ähnlich ausgeführte Experimente mit zwei Lautsprechern, die zwei ›Duettanten‹ oder eben ›Duellanten‹ simulieren, zeigten in jedem Fall, dass das Publikum, bestehend aus der geneigten weiblichen und männlichen Nachtigallzuhörerschaft, diesem Austausch lauscht und daraus Informationen über die beiden singenden Männchen zieht. Meiner Ansicht nach liegt es also nahe, dass die beiden ihr ganzes Duett oder Duell nicht für- oder gegeneinander, sondern tatsächlich in erster Linie für ein Publikum aufführen – ein richtiger Sängerwettstreit oder ein Rap-Battle also! Kurz zusammengefasst: Nachtigallen singen in der Nähe von anderen Nachtigallen, weil sie im Chor mehr Weibchen anlocken können und sich im direkten Sangeswettbewerb ideal als geeigneter Paarungspartner profilieren können.

Dass Nachtigallen auffallend häufig in der Nähe von Gewässern aller Art siedeln, ist schon in den Schriften früher Vogelkundler nachzulesen. Das vorwiegend aus Insekten bestehende Nahrungsspektrum der Nachtigall wird hier wohl bestens bedient. Auch die Präferenz für Nähe zu Lichtquellen lässt sich mit dem Vorhandensein von Insekten rund um Laternen erklären. Tatsächlich darf sich ein Brandenburger Dorf, an dessen letzter Laterne am Ortsein- oder -ausgang nicht ein bis zwei Nachtigallen schackern, getrost fragen, was falsch gelaufen ist. Vielleicht spielen hier aber auch noch andere Gründe eine Rolle. Nachtigallen haben zwar für Vögel ihrer Größe riesige, sicher gut restlichtverstärkende Augen. Aber so ganz detailscharf sehen sie bei Dunkelheit dann wohl doch nicht. Jedenfalls klang es, wenn ein Vogel, den wir unter Beobachtung hatten, nachts seine Singwarte wechselte, ab und an eher nach Bruchlandung als nach elegantem Landemanöver.

Und dann der Lärm. Ich wünschte, ich könnte jetzt davon berichten, wie ungut sich der Stadtlärm auf die Tiere auswirkt, wie sie Territorien aufgeben, weil Autos oder Bahnen mit Getöse daran vorbeirauschen. Aber ich müsste lügen. Lärm, zumindest die in der Großstadt vorherrschende Art von Lärm, scheint für die Nachtigallen kein großes Thema zu sein. Die Männchen sitzen sogar auffallend häufig aufgereiht längs der großen Straßen, solange die übrigen Anforderungen ans Territorium dort stimmen. Entweder empfinden sie den Lärm also nicht als störend – oder sie haben die Nähe dazu sogar gewählt? Der einflussreiche, häufig außerhalb eingetretener Bahnen denkende israelische Verhaltensbiologe Amotz Zahavi hat eine verwegene Theorie entwickelt, die uns hier weiterbringen könnte. Er schlug vor, dass Balzsignale, anhand derer die Weibchen ein Männchen auswählen, in irgendeiner Form mit Kosten für das Männchen verbunden sein müssen, damit sie für das Weibchen von Interesse sind. Wenn jedes Männchen einfach vor sich hin singen würde »Ich bin der Beste, ich bin der Beste, ich bin der Beste«, fehlte jeglicher informative Gehalt und der Gesang wäre damit für die Weibchen komplett uninteressant. Wenn ein Signal aber nur unter Mühen zu produzieren ist und diese Mühen sich im Signal selbst niederschlagen, kann das Weibchen anhand des Signals bestens auf die Qualität des Männchens als Paarungspartner schließen. Was hat das nun aber mit dem Stadtlärm zu tun? Hier kommt eine zweite Theorie von Amotz Zahavi ins Spiel – das »Handicap-Prinzip«. Es postuliert, dass die Mühen oder Kosten eines Signals darin bestehen könnten, dass das Signal selbst das Leben erschwert. Das Pfauenrad ist das Lehrbuchbeispiel eines solchen Handicaps. Der riesige Schwanz kann wahrlich nicht in der Rubrik »Praxistest« punkten. Er stört beim Fliegen, zieht die Aufmerksamkeit von Feinden auf sich, ist im Gelände hinderlich. Ein Männchen, das mit so einem Schwanzungetüm, vielleicht sogar mit einem besonders großen und prächtigen Exemplar, durchs Leben kommt und beim Aufschlagen des Rades nun wirklich alle Aufmerksamkeit auf sich zieht und sich zugleich komplett manövrierunfähig macht – ein solches Männchen hat den Test in der Kategorie »natürliche Selektion« (also am Leben bleiben) schon mal überzeugend

bestanden und ist damit für die Kategorie »sexuelle Selektion« zugelassen.

Warum sollten wir hier nicht einen Schritt weitergehen und auch die Wahl einer ungeeigneten Bühne der eigenen Balzaufführung als »self-handicap« beschreiben. »Wenn ich es schaffe, in diesem wahnsinnigen Krach überhaupt noch gehört zu werden, und auch noch die Details meines schmachtenden Liedes zu dir dringen, was muss ich dann für ein Mister Perfect sein, der Traum aller Nachtigall-Schwiegermütter, der Vater deiner Kinder!«

Schließlich deuteten die jährlichen Besiedlungsmuster noch auf folgende Faustregel hin: Wenn du den Herbst-Zug und die Monate in den südlichen Gebieten und die Rückkehr in dein Brutgebiet gut überstanden hast, dann gehe dahin, wo du im letzten Jahr warst. Und zwar, soweit wir das beobachten konnten, unter fast allen Umständen. Im Treptower Park lebte über fast zehn Jahre ein Nachtigallmännchen, genannt »Peking«, nach dem entsprechenden Revier. Er wurde beringt im Jahr 2001, im Jahr 2008 haben wir ihn zuletzt gesehen. Er wurde also fast ebenso alt wie der im ersten Kapitel gewürdigte PW Eins. Jeden Herbst machte Peking sich auf den Weg ins subsaharische Afrika, um im nächsten Frühjahr zurückzukehren. Einer unserer Methusalems. Viele meiner Einsichten über Nachtigallen verdanke ich Peking und seinem Gesang. Unter anderem hat er mich verstehen gelehrt, dass Nachtigallen ihrem Territorium tatsächlich sehr treu bleiben. Peking kam nämlich meist spät im Frühjahr nach Berlin und oft war sein Territorium bei seiner Rückkehr schon besetzt. Manchmal von anderen Parkvögeln, manchmal von Neulingen, die hier ihr Brutglück versuchen wollten.

Aber die hatten nicht mit Peking gerechnet! Jedes Mal war der Neue schnell vertrieben und der alte Peking hatte sich wieder in seinem Territorium breitgemacht. Woher kam diese beachtliche Motivation, es mit jedem aufzunehmen? Allein die Erinnerung ans traute Familienglück konnte es nicht sein, denn Peking reklamierte das Territorium auch dann für sich, wenn er im Vorjahr kein Weibchen gewonnen hatte oder die Brut nicht erfolgreich war. Ich denke, es ist ein anderer, aus evolutionärer Sicht sinnvoller und aus menschlicher Sicht sehr anrührender Beweggrund. Denn eigentlich lautet die Regel: gehe dorthin, wo du im letzten Jahr erfolgreich überlebt hast. Gehe dorthin, wo du die Wege, die Nahrungsquellen und im besten Fall auch schon Teile der Nachbarschaft kennst. Was dich anderswo erwartet, ist ungewiss – hier kennst du es. Die Vorteile könnten kaum größer sein.

.

Liebe, Trauer, Eifersucht –
Wie es wirklich ist, Nachtigallisch
verstehen zu wollen

Nachtigallen singen, um ein Territorium zu verteidigen, und um ein Weibchen zu gewinnen. Aber wie kann so etwas eigentlich funktionieren? Greifen wir die Überlegung noch einmal auf und nehmen an, der einzige Inhalt der Gesänge wäre »Ich bin der Tollste, ich bin der Tollste, ich bin der Tollste.« Selbst wenn diese Botschaft in knapp 200 verschiedene Strophen-Klänge verpackt werden würde – wen würde es beeindrucken? Über genau dieses Problem habe ich mir zwanzig Wissenschaftsjahre lang den Kopf zerbrochen. Wie können Nachtigallen ihre Streit- und Herzensangelegenheiten mittels Gesang klären?

In immer mehr Details wurde beschrieben, dass und wie der Gesang von Männchen zu Männchen in vielen Parametern variieren kann: Wie viele Strophen, wie geordnet, wie virtuos, wie laut ... Andererseits kennen wir alle möglichen Eigenschaften eines Männchens, die – für Paarungspartnerinnen ebenso wie männliche Kontrahenten – *eigentlich* interessant sein sollten: zum Beispiel, in wie guter Verfassung das Männchen ist, wie alt, wie schwer, ob es gesund ist oder von Parasiten geplagt. Vielleicht singt es auch über seine Motivation oder Eignung als fütternder Vater, über seine Ortskenntnis, seinen Beziehungsstatus, sogar über seine glückliche oder unglückliche Kindheit? Das sind schließlich die Themen, die über erfolgreiche Fortpflanzung und »fitte« Nachkommenschaft entscheiden.

Es braucht also Mechanismen, die die im Gesang kodierten

Botschaften verlässlich machen, damit eben nicht jeder »toll, toll, toll« singen kann. Die Theorie dazu ist die vom »aufrichtigen Signal«. Sie wurde ebenfalls von Amotz Zahavi auf den Punkt gebracht und regte jede Menge Studien an, die genau dieser Verbindung zwischen dem Design eines Signals und seiner »Aufrichtigkeit« auf den Grund gehen wollen. Das wurde längst nicht nur für Vogelgesang untersucht. Auch Froschquaken, Fledermaussäuseln und Mäusepiepsen sowie Leuchtfarben, Geweihgrößen oder Duftbouquets kann eben nicht jeder in der gleichen Qualität anbieten. Für die Nachtigall konnten wir eine Vielzahl solcher Zusammenhänge aufzeigen. Bestimmte Strophen und überhaupt die Menge der Strophen etwa nehmen mit dem Alter, vor allem zwischen dem ersten und den folgenden Jahren, zu. Ein »Einjähriger« ist also sofort herauszuhören.

Auch Männchen mit höherem Body-Mass-Index – der auch für Vögel berechnet werden kann, nach modifizierter Formel versteht sich –, schwerere Männchen also, singen in einiger Hinsicht »besser«: sie haben mehr Strophen im Repertoire und sie singen ein ganz bestimmtes Element, den »*buzz*«, in längerer Version und mit schnellerem Vibrato. Das ist nur ein Beispiel von vielen dafür, dass der Gesang tatsächlich etwas über die Eigenschaften des Männchens verrät. In diesem Fall also über sein Gewicht. Ob das eine Konsequenz des Körperbaus, also des »Klangkörpers«, ist, wissen wir noch nicht. Das Vibrato eines schweren Vogels klingt einfach anders.

Doch wie nehmen die geneigten Zuhörerinnen und Zuhörer diese Unterschiede wahr, wie verarbeiten sie die Information »hier trägt ein schwerer Sänger vor«? Information wird – ganz wie auf der menschlichen kommunikativen Bühne – ausgewertet und für eigene Verhaltensentscheidungen genutzt. Der direkte Prozess dieser Informationsgewinnung und -auswertung ist bei Vögeln jedoch auch für die versierteste Verhaltensforscher:in nicht zu beobachten. Es gibt weder die »hochgezogene Augenbraue« noch die »in Falten gelegte Stirn«. Und auch der »gerümpfte Schnabel« entspringt der Fiktion. Alles, was wir versuchen können, ist, anhand der Verhaltensentscheidung, die wenigstens mitunter gut zu beobachten ist, unsere Rückschlüsse zu ziehen. Wenn sich etwa Weibchen bevorzugt mit guten »*buzz*«-Sängern – aka schweren Männchen – verpaaren, dann könnte das dafür sprechen, dass schwerere Männchen als bessere Väter gelten oder das Territorium besser verteidigen können. Wenn es eher wahrscheinlich ist, dass schwerere Männchen unverpaart bleiben, dann spräche das dafür, dass Schwergewichtigkeit unattraktiv ist. Vielleicht weil es ein Zeichen mangelnder Bewegungsfreude ist?

Schließlich kann es auch sein, dass wir gar keinen Zusammenhang zwischen Gewicht und Verpaarung finden. Das heißt dann immer noch nicht, dass das Gewicht den Weibchen bei der Partnerwahl egal ist. Vielleicht wählen die Weibchen nach Gewicht, aber jedes hat andere Kriterien, zum Beispiel orientiert am eigenen Volumen. Dafür sprachen erste Experimente: Weibchen zeigten in Playbacks deutliches Interesse für Strophen, die *buzz*-Elemente enthielten. Ob die Qualität des *buzz* tatsächlich einen Einfluss auf Verpaarungsentscheidungen hat, ist noch nicht direkt erforscht, und das bislang Beschriebene bleibt hypothetisch.

Das kleine Beispiel illustriert das Dilemma der Interpretation biologischer Daten. Wir ließen uns davon nicht entmutigen und wollten mehr darüber herausfinden, was – neben Alter und Gewicht – im Gesang der Nachtigall noch an Information verschlüsselt sein könnte. Bei vielen Vogelarten variiert der Gesang zwischen verschiedenen Regionen. Auf der großen Weltkarte sangen die Nachtigallen in den verschiedenen Gebieten so unterschiedlich, dass sie in verschiedene Unterarten eingeteilt wurden. Doch auch in kleinerem Maßstab gibt es Unterschiede, wie ein Vergleich von Nachtigallgesängen aus Berlin,

Brandenburg und Frankreich zeigte – doch andere als erwartet. Die Tiere der drei Populationen nutzten durchaus die gleichen Strophentypen und sangen sie auch in gleicher Manier. Allerdings schien es so etwas wie eine saisonale Mode in jeder Gegend zu geben, in den »Charts« der meistgesungenen Strophen fanden sich Unterschiede. Noch ausgeprägter waren die Unterschiede allerdings, wenn man die jeweilige Reihenfolge der Strophen in Betracht zog. Während es zum Beispiel im Treptower Park A-B-C-D schallte, konnte es im Brandenburgischen B-D-X-A heißen, und in Frankreich noch einmal anders. Um herauszufinden, ob diese Unterschiede tatsächlich auch von den Nachtigallen selbst wahrgenommen wurden, planten wir wieder einmal ein Playback-Experiment. Würden Nachtigallmännchen Reaktionsunterschiede zeigen auf Strophenketten, die sich von ihren eigenen in nichts unterschieden als in der Reihenfolge? Sie taten es! Indem sie einem Vogel, der aus der gleichen Gegend wie sie selbst kam, mal eben mitten in die Parade fuhren. Weniger salopp: sie beantworteten eine Playbackstrophe überzufällig häufig mit dem Typ, der in ihrer eigenen Region als Nächstes dran gewesen wäre. Manchmal warteten sie damit, bis der vermeintliche Kontrahent seine Strophe beendet hatte, aber häufig taten sie es, sobald die ersten Elemente einer Strophe angesungen waren. Kennen Sie das Gefühl, wenn jemand den Satz beendet, den Sie gerade begonnen haben? Natürlich weiß ich nicht, ob es sich für Nachtigallen auch nur annähernd ähnlich anfühlt! Jedenfalls scheint es die Botschaft zu enthalten: »Ich weiß, wie du singen wirst, du bist einer von hier.«

Auch Erkrankungen könnten am Gesang erkannt werden – als Pendant zu verschnupft oder heiser klingenden menschlichen Stimmen. Für eine Verpaarungsentscheidung könnte unter Umständen nicht nur der aktuelle Gesundheitsstatus von Interesse sein, sondern auch Rückschlüsse auf das Immunsystem sollten in Betracht gezogen werden. Ein gesunder (gut klingender) vokaler Trakt lässt auf gute Gesundheit auch bei den Nachkommen hoffen. So weit die Theorie. Eine erste Überprüfung gingen wir an, indem wir die Rachen unserer Männchen auf Mykoplasmen-Befall untersuchten. Mykoplasmen sind bei verschiedenen Vogelarten nachgewiesene Bakterien, die zu Krankheitssymptomen am vokalen Trakt führen – zu Heiserkeit. Wir nahmen Rachenabstriche per Teststäbchen, die dann zur Auswertung ins Labor geschickt wurden. Hinsichtlich der Mykoplasmen blieben wir allerdings befundfrei: sämtliche Proben waren negativ, kein Tier befallen. Statt also über Unterschiede zwischen den individuellen Männchen nachzudenken, sinnierten wir nun darüber, ob der Gesang für die Nachtigall so immens wichtig ist, dass das Immunsystem sich evolutiv gegen Mykoplasmenbefall besonders stark gemacht hat. Wie ist die Lage bei anderen Singvogelarten, die besonders viel oder eben weniger singen? Wie bei Nicht-Singvögeln, die dennoch viel vokalisieren, wie etwa Kolibris oder Papageien? Haben sie Mykoplasmen-Infektionen oder nicht? Wie an so vielen anderen Stellen heißt es auch hier einmal mehr »more research needs to be done« – es muss mehr geforscht werden.

An anderer Stelle wurde schon davon berichtet, dass sich aus dem Gesang sogar Rückschlüsse darauf ziehen lassen, wie stark sich ein Männchen an der Jungenaufzucht beteiligen wird. Und nicht zu vergessen, auch der »Beziehungsstatus« lässt sich aus dem Gesang heraushören. Unverpaarte Männchen singen zum Beispiel mehr Pfeifstrophen als verpaarte.

Ein neuer Aspekt, der auch für Nachtigallen relevant sein könnte, ergab sich aus Studien zum Gesangserwerb. Für einige Singvogelarten stellte sich nämlich heraus, dass Stress in frühen Entwicklungsphasen den Gesangserwerb stark beeinflussen kann. Solcher Stress kann durch Nahrungsknappheit oder schwankendes Nahrungsangebot entstehen, aber auch durch soziale Enge oder Parasitenbefall im Nest. Im Ergebnis singen die Männchen dann ihr Leben lang vor sich hin, wie schön oder eben auch schwierig ihre Kindertage waren. Im Ohr der Weibchen ist das nicht unbedingt einfach nur nostalgisches Gesäusel. Zum Beispiel könnte ein im Gesang beeinträchtigtes, weil entwicklungsgestresstes Männchen ja auch sonst nicht gut beieinander und also in der Aufzuchtphase nicht tüchtig sein. Oder der Gesang verrät, dass das Männchen einfach nicht gut mit Stress umgehen kann. Verhaltensökolog:innen haben sogar noch eine Generation weitergedacht: Angenommen, der Stress entstand, weil die Eltern nicht gut fütterten, und diese Eigenschaft ist auf die nächste Generation übergegangen – dann sollte ein Weibchen dieses Männchen verschmähen, weil es kein guter Versorger sein wird.

Alter, Verpaarung, Eignung für die Familiengründung, Gesundheit, Größe, Herkunft – das hinhörende Weibchen kann ihre Verpaarungsentscheidung auf jede Menge Informationen stützen. Entsprechend spricht vieles dafür, dass es den einen »Mister Perfect« unter den Nachtigallen gar nicht gibt, sondern schlicht gute und weniger gute Partien – und am Ende wählt jede Nachtigalldame ihren am besten passenden Deckel.

So *könnte* es sein. Unsere Forschung zeigte auf jeden Fall, dass viele Informationen im Gesang stecken. Ob und wie diese tatsächlich von Zuhörern und vor allem Zuhörerinnen genutzt werden, steht auf einem anderen Blatt und muss in den allermeisten Fällen noch näher erforscht werden.

Telemetriestudien haben belegt, dass Nachtigallweibchen bei ihrer Ankunft im Frühjahr verschiedene Territorien abklappern. Es spricht viel dafür, dass sie dabei den Gesängen der Männchen lauschen und sich ihren Reim darauf machen. Aber mit dem Erforschen, geschweige denn dem Verstehen von weiblichen Paarungsentscheidungen, ist es noch komplizierter als mit dem Erlernen des männlichen Gesangs. Man kann natürlich auch Weibchen Playbacks aus zwei Lautsprechern vorspielen, wir haben das versucht. Der Lautsprecher, an dem sich das Weibchen länger aufhielt, war der, aus dem der für das Weibchen »attraktivere« Gesang tönte, zum Beispiel mit mehr Pfeifstrophen oder *buzz*-Elementen. Unter Laborbedingungen kann man Weibchen sogar dabei beobachten, wie sie beim Hören von bestimmten Gesängen Kopulationsaufforderungsverhalten zeigen. Das ist natürlich schon eine recht explizite Form des Beifalls, der allerdings nur in sehr artifiziellen Settings und nach vorheriger Hormongabe erreicht wird. Ob und inwiefern das mit echten Verpaarungsentscheidungen unter natürlichen Bedingungen zu tun hat, darf hinterfragt werden.

Natürlich kann man sich in der Natur anschauen, für welches Männchen sich ein Weibchen entschieden hat. Aber auch da ergeben sich Schwierigkeiten. Vielleicht hat sie gar nicht anhand des Gesangs gewählt, sondern will unbedingt wieder im selben Gebüsch brüten wie vor einem Jahr, ganz egal, wer da jetzt singt. Vielleicht singt der Gatte, mit dem sie sich zum Zwecke der Jungenaufzucht temporär vermählt hat, doch nicht so überzeugend und sie holt sich die genetische Ausstattung für ihre Jungen zumindest teilweise beim brillant trällernden Nachbarn? Oder sie entscheidet sich für ein Männchen, aber gar nicht aufgrund von dessen aktuellem Gesang, sondern weil er vor drei Jahren mal so hinreißend flötete.

Einige der wenigen beringten Weibchen in unserem Untersuchungsgebiet haben sich jedenfalls mehrere Jahre hintereinander für denselben sozialen Partner entschieden. Ein Befund, der einen Riss quer durch das Feldteam zog. Während die Verfechter:innen romantischer Liebe und langjähriger Treue ihre Idee bestärkt sahen, schnaubten die Freund:innen von offenen Beziehungen und freizügigem Berliner Nachtleben nur verächtlich ob des langweiligen Treuegedöns. Nur weil wir uns im Rahmen unserer Möglichkeiten um ergebnisoffenes Sammeln und Forschen und Verstehen bemühten, waren wir natürlich noch lange nicht frei davon, das Liebesleben der Nachtigall mit unserem eigenen abzugleichen.

Während die Zusammenhänge zwischen »Gesang« und »Eigenschaften des Männchens« schon recht gut verstanden sind, beginnen sich Erkenntnisse dazu, »was Hörer:innen daraus machen«, also erst anzudeuten. Es ist auch möglich, dass es gar nicht so ausgeklügelt hergeht bei der Partnerwahl und eine schnell-schlichte Entscheidungsfindung stattfindet, à la »passt schon«! Aber wieso wäre die Evolution dann bei den Nachtigallen in Richtung eines umfassenden Gesangsrepertoires gegangen? Vielleicht kann ein Blick auf die Zwillingsart Licht ins Dunkel bringen?

Die Nachtigall und der Sprosser –
Schwesternarten, Hybriden und Mischsänger

Die Nachtigall hat eine Zwillingsart: den Sprosser. Die Vögel sehen quasi identisch aus, werden aber dennoch zwei verschiedenen Arten zugeordnet, da sie sich nicht miteinander verpaaren. Also – eigentlich nicht. Dachte man. Manchmal nämlich wohl doch. Genau darum wird es in diesem Kapitel gehen.

Der Begriff »Zwillingsart« bezieht sich jedenfalls nicht auf die genetische, sondern die optische Ähnlichkeit der beiden Arten. De facto sind allerdings Zwillingsarten auch genetisch meist sehr eng miteinander verwandt, nur eben keinesfalls so wie Zwillinge. Im Fall von Nachtigall und Sprosser werden beide Arten der Gattung *Luscinia* zugeordnet. Anders als für die »großschnäbelige« Nachtigall *Luscinia megarhynchos* hat es für den Sprosser nur zur Namensdoppelung gereicht und die Fachwelt kennt ihn als *Luscinia luscinia*.

Bei der Erforschung der engen Verwandtschaft von Nachtigall und Sprosser spielt der Gesang eine entscheidende Rolle. Der Beginn dieses Kapitels unserer Nachtigallkunde muss weit zurückdatiert werden: auf etwa 1,8 Millionen Jahre vor unserer Zeit. Damals gab es allerdings weder Sprosser noch Nachtigall. Stattdessen trällerte ein gemeinsamer Vorfahr der beiden sein – wie auch immer klingendes – Lied. Diese Art war seinerzeit sehr erfolgreich und konnte sich über weite Teile Europas verbreiten. Irgendwann entstand, vermutlich aufgrund klimatischer oder geographischer Veränderungen während der Eiszeit, eine Barriere. Die große Population wurde so geteilt. Die beiden Teilpopulationen tauschten sich nicht mehr aus. Und zwar im wahrsten Sinne des Wortes: weder ihre Lieder noch ihre Gene.

Auch weiterhin wurden in beiden Teilpopulationen Gesänge genutzt, um Revier-Dispute und Balzangelegenheiten zu verhandeln. Von Generation zu Generation gab es dabei winzige Veränderungen in den kommunikativen Mitteln, also im Gesang. Gründe dafür können vielfältig sein. Vielleicht, weil die Vegetation und die Landschaft, in der gesungen wurde, sich änderte und ein angepasster Gesang besser durch diesen Bewuchs trug. Oder, weil sich andere singende Arten ebenfalls Gehör verschafften und als Folge der Klang-Konkurrenz der Gesang abgeändert wurde. Oder, weil die Weibchen Schrittchen für Schrittchen ihre Vorlieben änderten.

Das mag geschmäcklerisch klingen, ist aber eine der ganz großen Triebfedern der sexuellen Selektion. Genau aufgrund der wählerischen Weibchen entstanden wohl in der Evolution all die wahrlich lebensunpraktischen Gebilde und auffälligen Verhaltensweisen, die potenzielle Paarungspartnerinnen beeindruckten. Ob primär eine dieser Kräfte wirkte oder auch alle gleichzeitig – in der Summe und über Millionen Jahre führten sie zu ganz erheblich unterschiedlichen Gesangsstilen in den beiden Teilpopulationen, die so allmählich zu eigenen Arten wurden. Und jenseits des Gesangs? Da schien es offensichtlich keinen allzu großen Veränderungsdruck zu geben – Körperbau, Physiologie und Verhalten waren in beiden Populationen nahezu identisch. Die Vögel waren offenbar bestens an die vorherrschenden Bedingungen angepasst und blieben im Großen und Ganzen ihrem Bauplan und Aussehen treu. Dennoch: die beiden Populationen lebten getrennt, sie trafen sich nicht und pflanzten sich also nicht miteinander fort. Zunächst einmal jedenfalls. So lange, bis sie sich vor einigen tausend Jahren doch wiedertrafen, »sekundäre Kontaktzone« wird das in der Biologie genannt. Die damals aus einer Art hervorgegangenen Nachtigallen und Sprosser trafen also nach all den Jahren wieder aufeinander, vermutlich wiederum aufgrund veränderter klimatischer Bedingungen. Zwar nur in den Grenzbereichen ihrer jeweiligen Verbreitungsgebiete, aber immerhin.

Um zu verstehen, was beim Aufeinandertreffen geschah, muss man die beiden Arten allerdings auseinanderhalten können. Sie gleichen sich schließlich wie ein Zwilling dem anderen. Nur ein winziges, erst bei der Untersuchung in der Hand messbares Detail in der Federlänge verrät die Art: die erste Handschwinge ist im Vergleich zu den Federn der Handdecke bei der Nachtigall länger als beim Sprosser. Das Verhältnis zwischen zweiter und vierter Handschwinge ist wiederum bei der Nachtigall größer als beim Sprosser. In den meisten Fällen jedenfalls. Zusammen mit der leicht gräulich »gewölkteren« Farbgebung der Sprosserbrust (im Vergleich zur monochrom grauen der Nachtigall) musste das Vermessen der Federn zur Unterscheidung der beiden Arten ausreichen. Ganz zuverlässig war es nicht.

Zuverlässig funktioniert dagegen die Unterscheidung der Gesänge der beiden Arten, selbst für ein wenig geschultes Ohr. Zwar singen beide Arten nachts und beide haben viele Strophentypen. Doch im Unterschied zu den knapp 200 Strophentypen der Nachtigall beherrscht der Sprosser nur etwa 30. Und auch der Klang ist ganz anders. Am ehesten lässt sich das am Tempo festmachen: es wirkt, als würden Sprosser in ihren Strophen einige der Silben gaaaaanz laaaaangsam vortragen, andere wiederum rasant schnell in getrilltem Stakkato. Das Tempo der Nachtigall-Silben liegt dazwischen.

In der sekundären Kontaktzone der beiden Arten fiel auf, dass die Gesänge einiger Vögel ungewöhnlich klangen. Sie sangen eine Mischung aus Nachtigall- und Sprosserliedern, quasi ein Medley. Basierend auf den Gesängen und den Federmaßen, war man sich sicher, dass sich beide Arten miteinander verpaarten und gemeinsame Nachkommen zeugten, Hybriden. Ein Skandal? In der Biologie keinesfalls! Gut bekannte Beispiele sind Maultier oder Maulesel als Nachfahren einer Verpaarung von Esel und Pferd. Grolar-Bären sind Nachfahren von Grizzly und Polarbär. Bei diesen Beispielen hatte der Mensch auf suspekte Weise seine Hand im Spiel. Hauspferd und Esel sind ja ohnehin als Nutztiere das Ergebnis menschlicher Züchtung. Beim Grolar- (oder Pizzly- oder Cappuccino-) Bären sind menschengemachte Klimaveränderungen der Grund für das Zusammentreffen der eigentlich geographisch-klimatisch getrennten Arten. Doch sekundäre Kontaktzonen und resultierende Hybridisierungen sind durchaus auch Teil des natürlichen Artentstehungsprozesses. Es finden sich mannigfaltige Beispiele bei Insekten, Amphibien und Säugetieren, und eben auch bei Vögeln.

So interessant die Beobachtungen zu »Sprossigallen« auch waren – es fehlte letztlich die Sicherheit, dass es sich tatsächlich um die Vertreter beider Arten und ihre Nachkommen handelte. Gerade, wenn sich die Arterkennung zu großen Teilen auf ein erlerntes Merkmal, nämlich den Gesang, stützt und die Unterschiede im Aussehen minimal und variabel sind, wird die verlässliche Zuordnung schwierig.

Eine moderne Lösung – *die* moderne Lösung – kommt aus der Molekulargenetik. So wie die jeweilige Vaterschaft individueller Nachkommen heute genetisch untersucht werden kann oder wie Anteile neandertalerischen oder denisovaschen Genoms im modernen Menschen nachgewiesen werden können, so kann man auch die Verwandtschaft von Nachtigall und Sprosser und potenzielle Vermischungen beider genetisch auf den Prüfstand stellen. Alles, was es braucht, ist ein wenig DNA. Prinzipiell tut es ein Schnabel-Abstrich oder ein Stück Feder oder Kralle. Vor wenigen Jahren war ein Tropfen Blut noch die verlässlichste DNA-Quelle.

Um Licht in die genetischen Hintergründe der Sprosser-Nachtigall-Verpaarungen zu bringen, taten wir uns mit Forscher-Kolleg:innen von der Karls-Universität Prag zusammen. Gemeinsam brachten wir die nötige Expertise mit und fanden heraus, was Sprosser und Nachtigall in ihrer sekundären Kontaktzone treiben. Dazu analysierten wir in dieser Zone die Gesangsstruktur von etlichen Männchen und verglichen sie mit Gesängen, die in den Zonen aufgenommen wurden, die nur von Nachtigallen bzw. nur von Sprossern bewohnt wurden. Parallel dazu wurde von den Tieren in der Kontaktzone anhand von Blutproben ihre genetische Einordnung als Sprosser oder Nachtigall oder Hybrid bestimmt. Wichtig dabei: Gesangsaufnahme und Blutprobe ließen sich eindeutig den gleichen Individuen zuordnen.

Das Ergebnis: Im Nachtigall-Gebiet singen Nachtigallen »nachtigallisch«, im Sprosser-Gebiet singen Sprosser »sprosserisch«. So weit, so gut und wenig überraschend. Was ist nun aber in der Kontaktzone los? Genetische Nachtigallen singen hier nachtigallisch. Genetische Sprosser singen – nachtigallisch oder eine Mischung aus Nachtigall- und Sprosserstrophen.

Als wäre das noch nicht faszinierend genug, ist es tatsächlich gelungen, Gesang von echten Hybriden, die in unserem Fall alle Kinder von Nachtigallmännchen und Sprosserweibchen waren, aufzunehmen, zuzuordnen und zu analysieren. Die männlichen Hybriden singen fast ausschließlich reinen Nachtigallgesang. Nur eines der fünf auf diese Weise genetisch identifizierten Hybrid-Männchen sang überhaupt Sprosser-Gesang, und dies auch nur zu äußerst geringen Anteilen.

In der sekundären Kontaktzone lernen also sowohl genetisch reine Sprosser als auch echte Hybride fast nur Nachtigallgesang, aber kaum Sprossergesang. Und hier öffnet sich das Feld für wilde Spekulationen in alle Richtungen. Ist der Nachtigallgesang der evolutiv »ältere« Gesang und auch Sprossermännchen lernen ihn bevorzugt, wenn sie ihn erst mal hören? Ist er leichter zu lernen? Oder im Gegenteil durch seine höhere Komplexität schwerer zu lernen – suchen die Sprossermännchen die Herausforderung? Und warum?

Hier der aktuelle Stand der Dinge: Die Forschungen zur sekundären Kontaktzone wurden erschwert, weil von Jahr zu Jahr weniger Sprosser im Untersuchungsgebiet auftauchten. Das könnte daran liegen, dass die Grenzen des Vorkommens der Arten im Zeitraum von Jahrhunderten ost- und westwärts fluktuieren. Möglich ist aber auch, dass die Nachtigall als die kälteempfindlichere der beiden Arten lange Zeit nicht in Sprosser-Gebieten leben konnte. Aufgrund der aktuellen klimatischen Veränderungen kann sie sich nun vielleicht im Lebensraum des Sprossers breitmachen.

Die Arbeitsgruppen aus Prag sind weiter dabei, das Hybridisierungsmodell Nachtigall-Sprosser von allen Seiten zu beleuchten. Demnach ist die Population in der Kontaktzone gar nicht so durchmischt wie angenommen: Sprosser und Nachtigall scheinen sich gegenseitig auszuweichen und in unterschiedlichen Teilen der Zone zu versammeln. Der Gesang scheint dabei wiederum eine Rolle zu spielen. Eine weitere Überraschung: die Spermien von Nachtigall- und Sprossermännchen unterscheiden sich deutlich, vor allem in der Länge. In der sekundären Kontaktzone sind Nachtigall-Spermien Sprosser-Spermien etwas ähnlicher. Und Hybriden haben Spermien-Längen, die in der Mitte liegen.

Der Sprosser sieht also seinem »Zwilling« Nachtigall zum Verwechseln ähnlich. Er singt allerdings einen ganz anderen Gesang. Und hat eine andere Spermienform. Außer in der Kontaktzone, da werden die Unterschiede kleiner. Was nicht nur daran liegt, dass Hybriden entstehen. Mehr und mehr Detail-Befunde werden zusammengetragen und publiziert. Es würde mich nicht wundern, wenn tatsächlich die Weibchen und ihre Vorlieben bei der Partnerwahl Triebkraft dieser Veränderungen sind. Noch ist es jedoch zu früh, das große Bild zu entwerfen.

III.

NACHTIGALL UND MENSCH

·

Die »romantische« Nachtigall
in Sagen und Dichtung

Im Jahr 1794 verfasste der englische Naturkundler James Bolton einen »Essay zur Naturgeschichte der Britischen Singvögel«. Er schrieb darin über die Nachtigall: »Nicht nur in der Zeit von Plinius, auch lange vor ihm und nach ihm, bis heute war und ist dieser arme Vogel Zielscheibe von klagenden Liebenden, Theaterschreibern, Romantikern, Erzählern, Dichtern und Dichterlingen und Lügnern vieler anderer Professionen.«

Damit formulierte Herr Bolton vor mehr als zweihundert Jahren pointiert, was – ich nehme es gleich vorweg – auch mein Fazit zu den Auftritten der Nachtigall in Poesie, Sagen und Mythen ist. Ein äußerst unscheinbarer Vogel schafft es dank seines Gesangs, zur perfekten Projektionsfläche menschlicher Emotionen zu werden.

Die Fülle des Materials in Lyrik, Prosa und Drama könnte mindestens eine mittlere Nachtigall-Bibliothek füllen (die naturwissenschaftlichen Arbeiten würden dagegen in dieser Bibliothek auf einem kleinen Regal Platz finden). Eine zusammenfassende Darstellung scheint schier nicht möglich. Es gibt allerdings Motive, die vielfach wiederkehren – die Frühlingssehnsucht und der Zauber der lauen Nächte, die erfüllte Liebe und der Schmerz der unerfüllten Liebe. Die persische Dichtung und die Dichtung der deutschen Romantik sind ebenso voll davon wie die Lyrik englischer Naturdichter. In der Sagenwelt findet sich die Nachtigall als verwunschene Königstochter, und vielerlei lokale Sagen ranken sich darum, warum ein bestimmtes Wäldchen, eine bestimmte Gegend bevorzugt und zahlreich von Nachtigallen besiedelt wurde. Die große, umfassende Abhandlung zur Kulturgeschichte der Nachtigall gehört ohne Zweifel geschrieben und wird sicherlich höchst faszinierende Erkenntnisse zutage fördern.

Hier begnüge ich mich damit, einige Beispiele herauszugreifen. Es sind vorwiegend solche, in denen ein lyrisches oder poetisches Ich beschreibt, warum und wovon die Nachtigall singt. Als aufstrebende Nachtigallforscherin hatte es mich noch maßlos geärgert, was der Nachtigall alles an »Wahrheiten« angedichtet wurde. Inzwischen fällt mein Urteil milder aus, denn ich habe verstanden, dass die Bekannt- und Beliebtheit der Nachtigall eben nicht auf dem akkuraten Verständnis ihres biologischen Seins und Wirkens fußt. Dennoch passiert es mir weiterhin quasi reflexhaft, dass ich poetische Zeilen über die Nachtigall auf ihren »Kenntnisstand« hin abklopfe, was mir leider den Sinn für die Schönheit nachtigallthematisierender Dichtung verschlossen hat. Das kommt davon!

Fangen wir mit Deutschlands Nummer eins an, Goethe. Er schrieb Folgendes über die Nachtigall:

Die Nachtigall, sie war entfernt,
Der Frühling lockt sie wieder;
Was Neues hat sie nicht gelernt,
Singt alte liebe Lieder.

Ich weiß schon, wie er es meinte – wir erkennen sie gut wieder von Jahr zu Jahr, es bleibt der *good old song*. Doch wie im Kapitel zum Gesangslernen berichtet wurde, ändert sich das Gesangsrepertoire durchaus von Jahr zu Jahr. Aber Goethe wird ganz sicher keine Analyse von 530 aufeinanderfolgenden Strophen im Sinn gehabt haben.

Vielfach wurde von Dichter:innen gedeutet, *worüber* die Nachtigall denn eigentlich singt. Das folgende Beispiel dichtete Heinrich Bone (1813-1893), der im 19. Jahrhundert Karriere als Lehrer und Schuldirektor im Ruhrgebiet machte, bevor er wegen seiner großen Nähe zur katholischen Kirche in den vorzeitigen Ruhestand versetzt wurde.

Das Lied der Nachtigall

Sind es Freuden oder Leiden,
Ist es Klage oder Scherz,
Ist's Umarmen oder Scheiden,
Oder tiefer Sehnsucht Schmerz?
Nachtigall, was singest du
Jeglichem Gefühle zu?

Wo vereint sich Freud' und Leiden,
Wo verdrängt sich Klag' und Scherz,
Wo erregt ein kleines Scheiden
Ungemess'ner Sehnsucht Schmerz? —
Liebe, Liebe nur allein
Kann des Liedes Inhalt sein.

Der Schulmeister scheint sich offensichtlich sehr für die Nachtigall begeistert zu haben, denn in seinem Nachlass findet sich gleich noch ein Gedicht über sie. Diesmal ist es überraschend nicht mehr die Liebe, sondern doch Weh und Leid, das er in ihrem Lied zu hören meint, bevor sie im Sommer verstummt:

Die Nachtigall

Schlage, schlage Nachtigall,
Alles, alles lauschet;

Schlage, daß des Liedes Schall
Durch die Blüten rauschet.

Schlage, noch ist Frühlingszeit,
Bald sind heiße Tage;
Dann mußt du dein Weh und Leid
Tragen ohne Klage.

Viele weitere Gedichte weisen Bone als Naturliebhaber aus, vermutlich hat er tatsächlich auf Spaziergängen dem Vogelgesang vielfach nachgelauscht. Bestätigt hätte er seine Vermutungen zu Sinn und Zweck und Zeit des Nachtigallgesangs aber auch in *Brehms Tierleben* bekommen. Dieses zu jener Zeit ungemein erfolgreiche zehnbändige zoologische Nachschlagewerk widmet sich in Band 9 zu den »Sperlingsvögeln« auch der Nachtigall ausführlich. Brehm berichtet: »Am feurigsten tönt der Schlag, wenn die Eifersucht ins Spiel kommt.« Und später: »Während des ersten Liebesrauschens … vernimmt man den herrlichen Schlag zu allen Stunden der Nacht … später wird es stiller … der Sänger scheint mehr Ruhe gefunden und seine gewohnte Lebensordnung wieder angenommen zu haben.« Es ist zu beachten, dass es sich hierbei um ein zoologisches Fachbuch handelt – wie poetisch die wissenschaftliche Sprache damals noch war! Einen Hauch moderner sind die Beobachtungen von Levin Schücking verpackt, die etwa zur gleichen Zeit und in derselben Gegend entstanden.

Die Nachtigall

Im Gesprächston.
…
Ich weiß einen Wald,
Der weit sich dehnt um eine mächt'ge Burg,

Die nicht die Herrschaft mehr bewohnt; so steht
Er von dem wilden Unterholz durchwachsen,
Die schmucken Pfade aufgebrochen, Gras,
Dünn Gras und Hahnenfuß in Weges Mitten.
Doch nirgend sonst weiß ich an einem Ort
So viele Nachtigall'n, von fern und nah
Im Holz und Dickicht überm weiten Wald
Antworten sie und fordern sich zum Lied —
Scharmützelnd in bockssprüngigen Passagen,
Melod'schem Murmeln, raschem Thiu, Thiu, Thiu,
Und leisem Flöten, süßer tönt's denn alles —
Regend die Luft mit solcher Harmonie,
Daß man — geschloßnen Augs — vergessen könnte,
Es sey nicht Tag!

…

Nachtigallen, die sich zum Lied fordern – so hören wir es bis
heute! Schückings langjährige Briefpartnerin und Verlobte
war Louise von Gall, in seinen Briefen nannte er sie Nachtigall.
Eine Korrespondenz führte er auch mit Annette von Droste-
Hülshoff. Auch in ihren Gedichten findet sich das Nachtigall-
Motiv immer wieder. Unter anderem erfindet sie einen Sängerwettstreit zwischen Nachtigall und Lerche. Tatsächlich hörte
ich in Forschungsnächten in Südfrankreich mitunter Duette
von Nachtigall und Heidelerche bis in den Tagesanbruch. Bei
Annette von Droste-Hülshoff endet der Gesang, hier der Wettstreit, für alle Tiere im Tod, »verhaucht im süßen Gesange«.

Unaussprechlich

Die Nachtigall in den Kampf sich gab
Mit der Lerche, der schwebenden Stimme,
Daß ihre Reize besängen sie

Und all ihre süße Geberde;
Doch die Nachtigallen reihten sich
Und die Lerchen, wie Perlenschnüre,
All' lagen sie todt in Gras und Strauch,
Verhaucht im süßen Gesange.

Tod durch Gesang – das Motiv findet sich immer wieder. Häufig in Kombination mit dem Motiv der Rose und der unglücklichen Liebe. Eines der bekanntesten Beispiele ist der sich opfernde Vogel in Oscar Wildes Kunstmärchen »Die Nachtigall und die Rose«. Eine Nachtigall (die wunderbarerweise die Liebesnöte eines jungen Studenten versteht und lindern möchte) wählt den Tod durch Gesang, um dem Studenten zu einer roten Rose und damit zu einem Weg zum Herzen der Angebeteten zu verhelfen.

Leider war das Opfer an die falsche Adresse gebracht: der Student, der sich für so sehr belesen und philosophisch gebildet hält, begreift nicht, durch welches Opfer die rote Rose unter seinem Fenster wundersam erblüht ist. Wie hat er überhaupt die Nacht verbracht, in der die Nachtigall sich die Seele aus dem Leib sang? Selig schlafend, nicht ohne zuvor über die Nachtigall als herzlose Künstlerin sinniert zu haben, die »l'art pour l'art« ohne Gefühl betreibt. Und deren Gesang zu nichts nutze ist. Die Angebetete steht dem Studenten an Ignoranz in nichts nach. Von ihren für eine Rose gegebenen Versprechungen will sie nichts mehr wissen. Und sowieso zieht sie inzwischen wertvolle Juwelen der Rose vor. Die Rose landet in der Gosse, der Student widmet sich wieder den Büchern. Die Nachtigall ist tot. Haaach!

Bei so viel vergeblicher Liebesmüh ist es erfrischend, sich Heinrich Heines Deutung des Themas zuzuwenden. Der dreht den Spieß um – er schiebt der Nachtigall nicht alle möglichen Beweggründe für ihren Gesang unter, sondern er fühlt im Gegenteil seine eigenen geheimen Gedanken von ihr in alle Welt, oder allen Wald, posaunt!

Die blauen Frühlingsaugen

Die blauen Frühlingsaugen
Schaun aus dem Gras hervor;
Das sind die lieben Veilchen,
Die ich zum Strauß erkor.

Ich pflücke sie und denke,
Und die Gedanken all,
Die mir im Herzen seufzen,
Singe laut die Nachtigall.

Ja, was ich denke, singt sie
Lautschmetternd, daß es schallt;
Mein zärtliches Geheimnis
Weiß schon der ganze Wald.

Bei Würdigung der englischen Nachtigall-Dichtung darf natürlich auch deren Großmeister nicht fehlen: schließlich hat Shakespeare die ungeschlagene Nummer eins der Nachtigall-Bonmots
gedichtet. Jeder kennt die Sache mit der Lerche und der Nachtigall. Allerdings wurde ich – gar nicht so selten – verunsichert
gefragt, was genau die Zeilen denn eigentlich meinen. Warum
streiten sich die beiden Liebenden darüber, welcher Vogel da
singt, angesichts der drohenden Gefahr? Hier also noch einmal
der Dialog am Ende der Nacht:

Julia:
Willst du schon gehen? Der Tag ist ja noch fern.
Es war die Nachtigall, und nicht die Lerche,
Die eben jetzt dein banges Ohr durchdrang;
Sie singt des Nachts auf dem Granatbaum dort.
Glaub, Lieber, mir: es war die Nachtigall.

Romeo:
Die Lerche war´s, die Tagverkünderin,
Nicht Philomele; sieh den neid´schen Streif,
Der dort im Ost der Frühe Wolken säumt.
Die Nacht hat ihre Kerzen ausgebrannt,
Der muntre Tag erklimmt die dunst´gen Höhn;
Nur Eile rettet mich, Verzug ist Tod.

Tatsächlich gibt es am biologischen Sachverhalt nichts auszusetzen: die Feldlerche singt, wenn die Morgendämmerung einsetzt, die Nachtigall auch schon durch die lange Nacht davor. Julia sagt also, es ist noch mitten in der Nacht, während Romeo den Morgen herannahen sieht (und hört). Bleibt die Frage, ob Shakespeare-Leser:innen in der Vogelkunde gemeinhin so bewandert waren beziehungsweise sind, dass sie wissen, wann genau Lerche und Nachtigall singen?

John Keats' »Ode to a nightingale« findet bis heute Bewunder:innen. Zweihundert Jahre nach Shakespeare ist sie entstanden. Der Gesang der Nachtigall verleitet Keats zu einem weltumfassenden großen Ausruf über alle Orte und Zeiten hinweg. Es heißt darin:

Du Vöglein wurdest nicht zum Tod geboren!
Nein, dich zertritt kein hungerndes Geschlecht.
Was diese Nacht mir tönt, sang in die Ohren
Dem ersten König schon, dem ersten Knecht,
Und ist vielleicht derselbe Sang, der tief
Der heimwehkranken Ruth zum Herzen klang,
Als sie in Tränen schritt durch fremde Gassen,
Derselbe Sang, der tief
Bezaubernd sich um Märchenschlösser schwang
Und Feenreiche, die nun längst verlassen.

Und was gibt es aus der postromantischen Moderne zu vermelden? Schluss mit Liebesschmerz, da lässt man sie einfach singen, die Nachtigall. Wobei die ganze romantische Aufladung des Vogels mitschwingt. Bei Ringelnatz etwa gießt der Mond sein Licht übers »nachtigallige Land«. Und für Mascha Kaléko klingt der Nachtigallgesang in Abwesenheit des Liebsten wie »in Musik gesetzte Ironie«. Christian Morgenstern geht einen ganz eigenen Handel mit der Nachtigall ein:

Anmutiger Vertrag

Auf der Bank im Walde
haben sich gestern zwei geküßt.
Heute kommt die Nachtigall
und holt sich, was geblieben ist.

Das Mädchen hat beim Scheiden
die Zöpfe neu sich aufgesteckt …
Ei, wie viel blonde Seide da
die Nachtigall entdeckt!

Den Schnabel voller Fäden,
kehrt Nachtigall nach Haus
und legt das zarte Nestchen
Mit ihrem Golde aus.

Freund Nachtigall, Freund Nachtigall,
so bleib's in allen Jahren! –:
Mir werd ein Schnäblein voll Gesang,
dir eins voll Liebchens Haaren!

Und dann gibt es noch die Nachtigall, die in einem populären Schlager der vierziger Jahre, *A Nightingale Sang in Berkeley*

Heinrich Bone, Franz Schubert, Levin Schücking, Albert Berg, Alfred Brehm,
Franz Liszt, Luis Mariano, Benjamin Britten, Oscar Wilde, Eric Maschwitz,
Mascha Kaleko, John Keats, Klara Schumann, Joachim Ringelnatz, J.W.v. Goethe

Square von Eric Maschwitz den Soundtrack einer Liebe lieferte: Zum Abschiedskuss nach einem romantischen Londoner Abend singt die Nachtigall im Hintergrund, derweil der Mond die romantische Szene beleuchtet. Das Lied wurde vielfach gecovert und erfreute sich weltweit großer Beliebtheit. Allerdings wird mitunter darauf hingewiesen, dass die Zeilen zwar romantisch, aber eben biologisch inkorrekt wären, da der scheue Waldvogel ja wohl nicht an einem belebten Londoner Platz singen würde. Dabei ist das gar nicht unmöglich. Fest steht zwar, dass in den vergangenen Jahren keine Nachtigall mehr am Berkeley Square zu hören war (mal abgesehen von den Einspielungen von Nachtigallgesang im Rahmen kultureller Events). Doch eigentlich ist der Platz groß genug für ein Nachtigall-Revier, und die Mischung aus Platanen, Sträuchern und Rasenflächen würde auch passen. Wie wir aus dem Berliner Erfahrungsschatz wissen, ist entscheidend, ob die Gebüsch- und Krautschicht der vierziger Jahre »unordentlich« genug war für die Ansprüche der Nachtigall.

Bei der US-amerikanischen Schriftstellerin Harper Lee hat es der Vogel bis in den Romantitel geschafft: »Wer die Nachtigall stört« heißt ihr Südstaatendrama um Vorurteile und Rassismus. Doch halt – die Nachtigall kommt nur im deutschen Romantitel vor. Das Original trägt den Titel »To Kill a Mockingbird«. Aus dem Mockingbird, der Spottdrossel, wird die Nachtigall. Es sind zwei verschiedene Vogelarten – und dennoch ist die Übersetzung durchaus passend. Denn im Gesang beider Arten finden sich viele Ähnlichkeiten – beide singen des Nachts einen sehr vielschichtigen, dem Menschenohr wohlgefälligen Gesang, hier wie da sind sie Boten des Frühlings. Damit ist die Übersetzung des Romantitels, obgleich biologisch ungenau, doch inhaltlich passend. Und vermutlich hätte sich der Romantitel in der korrekten Übersetzung »Eine Spottdrossel töten« weniger gut verkauft. Die Übersetzer:innen sind nicht die ersten, die mit der Analogie zwischen Nachtigall (Eurasien) und Mockingbird (Nordamerika) arbeiteten.

Tatsächlich gibt es in den Tagebüchern von Meriwether Lewis & William Clarke, die am Beginn des neunzehnten Jahrhunderts zur berühmten Lewis-und-Clarke Expedition quer durch Nordamerika aufbrachen, einen relevanten Eintrag: »passierten einen Creek an Backbord 15 Yd. breit, ich nenne ihn Nightingale Creek. die Nachtigal sang die ganze letzte Nacht und ist die erste von dieser Art welche ich je gehört.« Ein kleines Flüsschen wird »Nachtigall-Creek« genannt, weil ein Vogel dieser Art dort während der Nacht sang.

Nun gab es aber auch damals keine Nachtigallen in Amerika – mit an Sicherheit grenzender Wahrscheinlichkeit hätte die Bucht einen anderen Namen bekommen müssen, vielleicht Spottdrossel- oder Nachtschwalben-Bucht. Offen bleibt die Frage, ob damals alle Nachfahren der europäischen Einwander:innen kollektiv dem Irrtum aufsaßen, dass der Nachtgesang in der Neuen Welt von der Nachtigall geliefert wird. Oder ob es sich um eine Deutungs-Unschärfe von Lewis und Clark handelte.

Der zu Beginn des Kapitels zitierte James Bolton behält also weiter recht: jede und jeder darf den Gesang der Nachtigall in ihrem bzw. seinem Sinne deuten. In einem Punkt würde ich Herrn Bolton allerdings nicht zustimmen: ich denke nicht, dass das Ausdeuten und allzu häufige Fehldeuten »nachtigallischen« Verhaltens einen »poor bird« oder armen Vogel aus der Nachtigall macht. Jedenfalls nicht, solange wir uns bewusst machen, wie viel wir in den Gesang des kleinen Vogels hineinlesen.

Für abendländische Natur- und/oder Kulturfreund:innen war und ist sie das Symbol des Monats Mai, des Frühlings überhaupt, und der Liebe (siehe Romeo und Julia), aber auch der Vorahnung (Berliner kennen die Redewendung: »Nachtijall, ick hör dir trapsen«). Mitunter wird sie auch zum Symbol der Vergänglichkeit: Der Gesang findet ebenso wie der verschwenderische Sommer ein Ende. Doch auch die gegenteilige Deutung ist möglich und wurde – natürlich – besungen: während die Menschen altern und vergehen, bleibt das Lied der Nachtigall in der Welt.

Die Nachtigall in der Musik

Im Buch »Die Gefiederten«, einer launigen Vogelkunde von Richard Gerlach aus dem Jahr 1949, heißt es über die Nachtigall: »Die schmelzende Süße der Stimme der Philomele, der plötzliche Wechsel vom Adagio in ein Allegro, das schluchzende Crescendo, das sanft abschwellende Ritardando – welch eine Hymne der Natur, welch eine Beseelung des Frühlings.« Wenige Absätze später wird dann konstatiert: »Aber die Versuche, sie durch Silben auszudrücken oder in Noten einzufangen, müssen unzulänglich bleiben, weil alles darin bewegtes Leben und Leidenschaft ist. Keine nachahmende Flöte erreicht den gleichen Schmelz.« Ist damit nicht schon alles gesagt? Wir können den verschiedenen Teilen des Nachtigallgesangs zwar musikalische Fachtermini anheften. Aber ihren Gesang in Noten einzufangen, kann nicht gelingen.

Nicht alle Musiker:innen, Komponist:innen und Musikkundigen scheinen Gerlachs Ansicht zu teilen. Und so hat das Motiv der Nachtigall in der Musik mindestens ebenso tiefe Spuren hinterlassen wie in der Literatur. Es würde sich lohnen, neben der Natur- und Literaturgeschichte des Vogels auch seine Musikgeschichte zu verfassen.

Die Bezüge zur Nachtigall in der Musik sind ganz unterschiedlicher Art: Sie kommt selbst mitunter musikalisch zu Wort, aber in enger Anlehnung an die Dichtung wird in Liedtexten vor allem *über* sie gesungen.

Zu den bekanntesten Beispielen aus der klassischen Musik zählen wohl die Schubertschen Lieder über die Nachtigall. Da ich selbst lange in Unkenntnis dieser Lieder lebte, führten Gespräche darüber mit bewundernden Kenner:innen zu einiger Verwirrung meinerseits. Wieso sprachen einige von der süßen Bitte an die Nachtigall, ihren Gesang einzustellen, während andere von der Lobpreisung ebendieses Gesangs schwärmten?

Schubert hat die Nachtigall eben mehrfach besingen lassen. Zum einen gibt es die Kompositionen »An die Nachtigall« (1819 nach einem Gedicht von Matthias Claudius), in der die Nachtigall ungewöhnlicherweise tatsächlich von einer Liebenden um Ruhe gebeten wird – damit der Geliebte weiter schlummern kann. So jedenfalls die gängigste Les- beziehungsweise Hörart des Liedes. Gelegentlich wurde es auch als Episode der römischen Mythologie interpretiert, schließlich kommt Amor darin vor. Die Musikwissenschaftlerin Susan Youens sieht in der Komposition dagegen nicht weniger als »eine charmante Beschreibung weiblicher Erfahrung, in der die Frau sich nach dem Liebesakt an der Rückkehr zu sich selbst, ihrer wiedergewonnenen Individualität, erfreut.« Was eben noch unattraktiv altbacken in meinem Ohr schepperte, klingt nun im Lichte dieser Interpretation weit seiner Zeit voraus.

Schönheit und Interpretation der Kompositionen über die Nachtigall liegen im Ohr des Publikums – genauso wie beim Gesang selbst. Schuberts Bandbreite hinsichtlich dieser Interpretationsfreiheit ist beachtlich. Sein 1821 nach einem Gedicht von Johann Karl Unger komponiertes Lied »Die Nachtigall« kommt in ganz anderem Tempo und Tenor daher – ein vielstimmiger Männerchor beginnt da fast galoppierend: »Bescheiden verborgen im buschichten Gang …« *Buschichter Gang* – was so vielversprechend beginnt, zieht im Folgenden sämtliche Register romantischer Liebe: Zaubergesang – Treue – Hauch der Gefühle – Zeuge der Lust – Seufzer der Sehnsucht – Einklang der Seelen.

Schubert ist, wenn es um die Nachtigall als Sehnsuchts-vogel in der Musik geht, keineswegs die Ausnahme. Die höchst unvollständige Liste der Komponisten, die Verse über die oder mit der Nachtigall vertonten, liest sich wie ein Who's Who der Musikgeschichte: Sally Beamish, Ludwig van Beethoven, Alban Berg, Franz Berwald, Johannes Brahms, Benjamin Britten, Cécile Chaminade, Claude Debussy, Charles François Gounod, Edvard Grieg, Reynaldo Hahn, György Ligeti, Franz Liszt, Gustav Mahler, Felix Mendelssohn Bartholdy, Sergei Prokofjew, Sergei Rachmaninow, Nikolai Rimski-Korsakow, Clara Schumann, Robert Schumann, Richard Strauss, Pjotr Tschaikowski, José Vianna da Motta, Judith Weir, Hugo Wolf.

Ihre Fortsetzung finden diese Kompositionen in den Schlagern: neben der schon beschriebenen »Nachtigall vom Berkeley Square« gibt es beispielsweise ein Chanson über »Rossignol des mes amoures« von Luis Mariano, das sich im Nachkriegs-frankreich großer Beliebtheit erfreute. Auf Ukrainisch wäre die »Solovey« von der Band Go_A beim abgesagten Eurovision Song Contest 2020 besungen worden – mit einer gar nicht mal so unpassend geflöteten Nachtigall im Hintergrund.

Gelegentlich wurde nicht nur das Nachtigallthema generell von Komponist:innen aufgegriffen beziehungsweise Texte zur Nachtigall vertont, sondern gar ihr Gesang in Koloraturen nach-empfunden. So zum Beispiel im »Lied der Nachtigall: Zauberlied der Nacht« aus einem zu Nazizeiten gedrehten Kostümschinken mit dem Titel »Die schwedische Nachtigall« über die Liebe zwischen dem Märchenerzähler Hans Christian Andersen und der Sängerin Jenny Lind. Die Sängerin wird im Film von Ilse Werner dargestellt. Wie passend, werden diejenigen denken, die sich an die virtuosen Pfeif-Sequenzen der selbst ernannten »größten Pfeife Deutschlands« erinnern. Die Pfeifer einer Nachtigall hätte Frau Werner ganz bestimmt vogelgleich flöten können. Doch stattdessen wird Koloratur gesungen, gar nicht von Ilse Werner, sondern gedubbt beziehungsweise synchronisiert von der Sopranistin Erna Berger. Aus Nachtigallsicht eigentlich schade, denn wie wir aus vielen nächtlichen Selbstversuchen bestätigen können, finden Nachtigallen menschliches Pfeifen so animierend, dass sie selbst mit passenden Pfeifstrophen antworten.

In instrumentalen und orchestralen Werken finden sich Nachtigallmotive zuhauf. Allen gemeinsam scheint mir, dass sie jeweils nur einen bestimmten Aspekt des Gesangs nachbilden – sei es der rasante Triller und dessen Rhythmus, sei es das Crescendo der Pfeifstrophen oder die melodische Elementfolge im Anfangsteil der Strophe.

Ein recht frühes Beispiel ist eine Cembalo-Komposition von François Couperin aus der Zeit des Barock. Vor allem in Frankreich war damals die Nachahmung von Klängen aus der Natur mittels Tonmalerei sehr beliebt und wurde, wie in der Komposition »Le Rossignol en amour« nachzuhören ist, durchaus mit Naturkenntnis betrieben. Der langsame Beginn, aber vor allem die rasanten Trills am Ende des kurzen Stückes, scheinen der Nachtigall direkt abgelauscht. Eine solche Nachahmung war zwei Jahrhunderte später plötzlich verpönt, die Natur sollte nicht länger als Vorbild für die menschliche Tonkunst herhalten. »Nicht die Stimmen der Tiere, sondern ihre Gedärme sind uns wichtig, und das Tier, dem die Musik am meisten verdankt, ist nicht die Nachtigall, sondern das Schaf«, argumentiert der einflussreiche Musikkritiker Eduard Hanslick 1854. Es ist davon auszugehen, dass er hier nicht das Blöken oder noch ganz andere schafliche Laute gegen den Nachtigallgesang ausspielt, sondern die Verwendung von Schafdarm für Zupf- und Streichinstrumente meint, ein bis weit ins 20. Jahrhundert hinein genutztes Material. Tierdärme können Teile von Musikinstrumenten werden, Tierklänge aber nicht Teil von Musik.

Doch wie vehement von einigen Musiktheoretiker:innen der Vogelgesang auch als Inspiration für menschengemachte

Musik abgelehnt wurde – die Vögel, und allen voran die Nachtigall, wurden einfach weiter vertont. Wer sich Beispiele anhören möchte, dem sei zuallererst Händels Arie »Sweet bird« aus dem Oratorium *L'Allegro* empfohlen. Während der Vogelgesang im Libretto als melancholisch und gar tieftraurig klagend geschildert wird, lässt Händel musikalisch Barockflöte und Sopranstimme auf eine Art nachtigallisch verschmelzen, die vor ausgelassener Fröhlichkeit geradezu explodiert. Es wird berichtet, dass Händel die Musik in einem besonders harten Londoner Winter komponierte. Gut vorstellbar!

Beethoven vertont in seiner 6. Symphonie am Ende der »Szene am Bach« die Nachtigall zusammen mit der Wachtel und dem Kuckuck. Damit diesbezüglich kein Zweifel aufkommt, hat er die Artenzuordnung gleich mit in die Partitur eingeschrieben. Ein Glück für Hörer:innen wie mich, denn ich gebe zu, die Nachtigall nicht heraushören zu können. Noch nicht einmal den Kuckuck hätte ich ohne Notation erkannt.

Richard Wagner lässt seinen Siegfried im zweiten Akt ein »Waldweben« erleben. Dabei hat er auch die Gesänge verschiedener Vögel nachempfunden. Die Nachtigall wird von der Klarinette vertont, da die Flöte dem Pirol vorbehalten bleibt. Kenner haben außerdem auch noch den Gesang von Baumpieper, Amsel und Goldammer herausgehört. Tatsächlich hat sich Wagner die Inspiration dafür bei Spaziergängen im Sihltal nahe seiner Züricher Wohnstätte direkt aus dem Wald mitgebracht. Ausgerechnet die Nachtigall kommt dort aber gar nicht vor. Deren Klang kann Wagner aus seiner Dresdner Zeit Jahre zuvor im Ohr gehabt haben. Um es ornithologisch ganz genau zu nehmen: der für den Aufzug als Handlungsort festgeschriebene »Tiefe Wald« passt also nicht ganz, eher ein Waldsaum müsste es sein. Und die ganze Geschichte müsste natürlich im Frühjahr spielen, genauer gesagt zwischen der zweiten Aprilhälfte und Mitte Juni. Komponiert hat es Wagner jedenfalls in dieser Jahreszeit.

Während Wagner seine Nachtigallen immerhin in Dresden gehört haben mag, stellte mich eine Nachtigall-Komposition von 1915 vor ein größeres Rätsel. Es geht um das von Joseph Lamb komponierte Stück »The Ragtime-Nightingale«. Die rasanten Melodieläufe mit dem prägnanten Rhythmus, die den Ragtime ausmachen, kommen der Vertonung des Nachtigallgesangs nicht gerade entgegen. Tatsächlich fällt es mir schwer, im Notenwirbel des Klaviers etwas von der Nachtigall zu hören. Auch die Plattenhülle dazu, auf der ein Vogel abgebildet ist, der im Schein des Vollmondes auf einem Zweig sitzend singt, hilft nicht weiter. Die Szenerie ist gut gewählt, sowohl die Singwarte als auch die Landschaft wären als Habitat für die Nachtigall tauglich. Allein der abgebildete Vogel hat wenig Ähnlichkeit mit einer Nachtigall.

Jospeh Lamb studierte in Berlin. Das passt ja zur Nachtigall, könnte man meinen. Doch sein Berlin lag nicht in Deutschland, sondern in Kanada. Die Stadt in Ontario wurde später in Kitchener umbenannt. Auch wenn der Ort eine Enklave deutscher Einwanderer war, Würstchen, Sauerkraut und Oktoberfest inklusive, hatten sie doch wohl nicht die Nachtigall mit importiert! Tatsächlich hat Lamb erklärt, dass ihn nicht der Gesang einer Nachtigall, sondern das Wort »Nightingale« inspirierte. Im Musikmagazin seiner Schwester hatte er über ein »Nachtigall-Lied« gelesen, das von Ethelbert Nevin komponiert worden war. Der, wiederum ein recht erfolgreicher amerikanischer Komponist, lässt in seinem Stück im klassischen »Lied«-Stil die Nachtigall eine Rose ansingen. Und Mister Nevin hatte immerhin die Chance, auch mal eine echte Nachtigall gehört zu haben, denn er ließ sich musikalisch in Berlin ausbilden. Diesmal handelt es sich tatsächlich um Berlin, Hauptstadt des Nachtigallgesangs. Also: Ein in Berlin (Kanada) aufs College gegangener Ragtime-Komponist liest im Musikmagazin seiner Schwester den Namen »Nightingale« und komponiert ein ganzes Stück rasanten Kla-

vier-Rag um diesen Namen herum. Aller Wahrscheinlichkeit nach, ohne den Gesang des Vogels je gehört zu haben, denn in Nordamerika gibt es keine Nachtigallen. Noch ein wunderbares Beispiel dafür, wie das kulturelle Motiv der Nachtigall von ihrem eigentlichen Gesang entkoppelt wurde.

Schließlich wählten einige Musiker den Weg, die Nachtigall selbst zu Wort kommen zu lassen. Die 1924 in Rom uraufgeführte sinfonische Dichtung »Pini di Roma« leistete in dieser Hinsicht Pionierarbeit. Ottorino Respighi hat eine Nachtigall in die Partitur geschrieben. Im dritten Satz soll während einer Vollmondnacht, in der die Pinien sanft rauschen, eine Nachtigall in den Zweigen singen. Schallplattenaufnahmen von Nachtigallen gab es zu der Zeit schon. Respighi hat auf den Takt genau festgelegt, wann das Grammophon mit dem Abspielen der Aufnahme beginnen sollte, um zunächst mit der Klarinette im Duett zu sein, zu dem sich wenig später auch Streicher und Klavier gesellen. Nicht nur der Takt war festgeschrieben, sondern offensichtlich hatte Respighi um eine ganz bestimmte Nachtigallaufnahme herum komponiert. Er legte fest, dass es die Aufnahme auf der Schallplatte Nr. 6105 der Firma Deutsche Grammophon »Il canto dell'usignolo« sein sollte.

Ich höre mir eine Aufnahme des Chicago Symphony Orchestra an, 1957 von Fritz Reiner dirigiert. Tatsächlich, ganz am Ende des dritten Satzes erklingt sanft eine Nachtigall im Hintergrund. Und zwar eine echte; man muss ihren Gesang während der Aufführung eingespielt oder nachträglich mit besagter Schelllackplatte zusammengeschnitten haben. Und sofort ist meine Forscherinnenneugier geweckt. Es muss doch möglich sein, mehr über diese Aufnahme herauszufinden! Aber zunächst will ich mehr Versionen des Stücks hören – wie sind Gesang und Orchester bei anderen Aufnahmen arrangiert?

Vielleicht hätte ich diese Recherche nie beginnen sollen. Dann könnte ich von dieser einen Einspielung berichten, von der wunderbaren Harmonie zwischen Klarinette, Nachtigall und Streichern. Stattdessen erlebte ich eine Überraschung nach der anderen. Einige Dirigenten hatten für ihre Aufführung tatsächlich eine Aufnahme einer echten Nachtigall genutzt. Allerdings war ich überrascht, dass es ganz verschiedene Aufnahmen sind. Die Vorgabe der Verwendung der 6105er Schellackplatte wurde wohl nicht ganz genau genommen? Sogar der Gesang ganz anderer Arten wurde dem Respighi-Stück unterlegt. Die Amsel war dabei, der Kanarienvogel, sowie etliche weitere Arten. Einmal kam ein ganzer Morgenchorus aus vielen verschiedenen Arten zum Einsatz. Herbert von Karajan arrangierte das Stück mit den Berliner Philharmonikern begleitet vom Gesang einer Singdrossel. Dabei hätte man – wenigstens im Frühjahr – doch in der Philharmonie nur die Türen öffnen müssen, um den vielstimmigen Nachtigallschall aus dem Tiergarten hereinzulassen.

Da wurde also der Nachtigall erstmals in der Musikgeschichte die Ehre zuteil, ernstzunehmender Part eines Kunstwerkes zu sein. Als sie selbst, mit ihrer Stimme und ihrem Gesang, nicht in menschlichen Vertonungs- und Deutungsversuchen. Und was geschieht? Diesmal muss nicht die Nachtigall für alle möglichen menschlichen Interpretationen und Deutungen herhalten, sondern alle möglichen Gesänge müssen für den der Nachtigall herhalten. Der Auftritt der Nachtigall in der Musik ist aus vogelstimmkundlicher Sicht jedenfalls ein Reinfall.

Dabei lässt sich die von Respighi vorgeschlagene Aufnahme sogar in den Tiefen des Internets finden. Die Aufnahme von 1913 beginnt tatsächlich mit einer Pfeifstrophe und setzt sich, überlagert von der knisternden Wiedergabequalität des Grammophons in wunderbar typischen Nachtigallstrophen fort. Mit Sicherheit finden sich etliche der auf der Aufnahme vorkommenden Strophen auch in unserem Katalog. Voilà, gesangliche Konstanz über mehr als 100 Jahre!

In Respighis Fußstapfen traten Musiker:innen, die nicht

zur oder *über* die Nachtigall, sondern *mit* ihr musizierten. Die englische Cellistin Beatrice Harrison musizierte Jahr für Jahr in lauen Frühlingsnächten in ihrem Garten mit einer Nachtigall. Sie erlangte Berühmtheit, weil die BBC das musikalische Event 18 Jahre lang live übertrug. Die Ausstrahlung war bis 1942 ein jährliches Programmhighlight. In den vergangenen Jahren versuchte sich der Jazzmusiker David Rothenberg im Austausch mit den Berliner Nachtigallen in der Hasenheide. Sein Instrument der Wahl ist dabei die Klarinette. Während in anderen Städten viel Geld für ein organisiertes Nachtigall-Konzert gezahlt wird, muss sich Rothenberg in Berlin mit Interessenkonflikten mit Anwohner:innen und Biolog:innen herumschlagen, wie ich schon in der Einleitung berichtete. Willkommen in der Hauptstadt des Nachtigallgesangs!

Die Nachtigall als Haustier

Großer Vogel

Die Nachtigall ward eingefangen,
Sang nimmer zwischen Käfigstangen.
Man drohte, kitzelte und lockte.
Gall sang nicht. Bis man die Verstockte
Im tiefsten Keller ohne Licht
Einsperrte. – Unbelauscht, allein
Dort, ohne Angst vor Widerhall,
Sang sie –
Nicht – –,
Starb ganz klein
Als Nachtigall.

Joachim Ringelnatz

Ich liebe diese Zeilen, selten ist so respektvoll über die Nachtigall, über Tiere überhaupt geschrieben worden. Ihr könnt den Vogel nicht zwingen und zähmen, die Kunst ist nicht zu käfigen. Aber wie so viele andere lag leider auch Ringelnatz falsch. Weil: Gall singt. Vermutlich hätte sie besser daran getan, sich der Ringelnatzschen Beschreibung entsprechend zu verhalten. Jahrhunderte der Käfighaltung wären ihr erspart geblieben.

Die Idee, sich den Gesang der Nachtigall verfügbar zu

machen, indem man sie in Käfigen oder Volieren hält, ist uralt und leider immer noch aktuell. Rollen wir die Geschichte von der Gegenwart her auf. Auf Videoportalen im Internet finden sich allerlei Beiträge, die Nachtigallen in zumeist winzigen Käfigen zeigen. Singende Nachtigallen, wohlgemerkt. Zwei davon seien exemplarisch genauer angeschaut.

User ty550211 hat vor mehr als zehn Jahren einen Film hochgeladen, den sich seither mehr als 357 000 Menschen angesehen haben. 763 davon haben dem Film ein »like« geschenkt. Zu sehen und zu hören ist eine Nachtigall in einem winzigen Käfig, er hat einen Durchmesser von etwa doppelter Nachtigallenlänge. Der Vogel sitzt auf einer Stange, ein Wasserspender ist erkennbar, hinter dem Käfig ist die nackte Wand eines Zimmers zu sehen. Die Nachtigall singt während der gesamten, knapp sechs Minuten langen Aufnahme. In der kurzen Erklärung zum Video heißt es ›sechs Jahre alte Nachtigall singt‹. Zu Hunderten haben Zuschauer:innen den Beitrag kommentiert. Die Meinungen gehen auseinander. Folgende Aussagen sind, unterschiedlich formuliert, immer wieder zu finden: »Was für ein wunderschöner Gesang!« »In der Natur singen sie viel schöner!« »Lasst den armen Vogel frei! Er braucht mehr Platz/Wasser/Nahrung…!« »Ich will auch so einen Vogel, wie viel kostet er?« usw. …

Aber was und wie singt diese Nachtigall im Käfig? Nicht typisch jedenfalls, doch für das geschulte Ohr immer noch als Nachtigall erkennbar. Strophen wechseln mit Pausen ab, und der wenig brillante Sänger wiederholt Elemente, die Ähnlichkeit mit ›typischem‹ Nachtigall-Vokabular haben. Die nachtigallische Strophenstruktur fehlt gänzlich, und merklich langsam sind die ›Schläge‹ auch. »Kasper-Hauser«-Nachtigallen klingen ganz ähnlich. Also Tiere, die aufwuchsen, ohne mit Artgenossen und deren »Vokabular« großgeworden zu sein. Oder vielleicht Vögel, die das gesangliche Vorbild vor vielen Jahren zum letzten Mal gehört haben?

Ein anderer User hat ebenfalls eine singende Käfig-Nachtigall ins Netz gestellt. Die Haltungsbedingungen sind ähnlich problematisch. Der Gesang klingt allerdings ganz anders als der soeben beschriebene. Die zeitliche Struktur ist vollkommen abhandengekommen, ebenso wie die Wiederholung der einzelnen Motive, die den typischen Nachtigallschlag charakterisiert. Ein »kaputter« Sänger also? Wahrscheinlicher ist, dass der kleine Vogel zu der Zeit des Jahres aufgenommen wurde, in der wir ihn in Mitteleuropa gar nicht zu hören bekommen, nämlich während der Wintermonate, die die Vögel im subsaharischen Afrika verbringen. Das dort vernehmbare Gepiepse während der sogenannten »Subsong«- oder Übe-Phase, die die Tiere Jahr für Jahr durchlaufen, klingt ganz ähnlich wie der Vogel im Film. Eine Nachtigall im Winter also, vielleicht mitten in der Gesangsentwicklung.

Schon sehr lange vor den Dokumentationen in YouTube-Clips wurden die Sänger überall auf der Welt zur Zerstreuung gefangen gehalten. Ausführliche Anleitungen zu Fang, Fütterung und Haltung sind überliefert. Für die Haltung im Käfig wurden die Tiere zumeist im Erwachsenenalter in Fallen gefangen. »Bei richtiger Behandlung gewöhnt sich die Nachtigall, seltene Ausnahmen abgerechnet, verhältnismäßig rasch an ihre Gefangenschaft, weil sie, wie alle klugen Vögel, bald in das Unvermeidliche sich fügt und mit ihrem Schicksale sich aussöhnt«, heißt es dazu im Hand- und Lehrbuch für Liebhaber und Pfleger einheimischer und fremdländischer Käfigvögel von A. E. Brehm. Die Ringelnatzschen Verse lesen sich wie der Gegenentwurf zu diesem Bild vom Tier.

Doch lesen wir weiter im Brehm. Im einführenden Text zur Nachtigall wird die Motivation für den Erwerb eines solchen kleinen braunen Vogels ausführlich dargelegt: »Die Nachtigall, welche ich am 26. April kaufte, schwig, bis sie die Mauser überstanden hatte, schlug aber im August etwa vierzehn Tage ziemlich fleißig, jedoch nicht laut […] Auch verstummte sie bald wider und ließ sich erst im Januar des folgenden Jahres hören […] Zu meiner Ueberraschung wurde sie bei fortschreitendem Frühjahr nicht fleißiger, sondern hörte schließlich gänzlich auf, weshalb ich sie in Freiheit setzte. Eine andere Nachtigall kaufte ich am 22. April; sie […] schlug zwar fleissig, mischte aber ihrem Schlage viel von dem Gesang der Gartengrasmücke bei, sodass ich sie wider verkaufte.« Und so weiter: ein dritter Vogel sang drei Jahre lang zum Wohlgefallen des Besitzers, wurde dann aber verkauft, da er bis Februar noch nicht gesungen hatte. Die Nachtigall fungierte wohl als eine Art Gesangsapparat, den man bei Nichtgefallen und funktionalen Mängeln verkaufte oder fliegen ließ.

Der Handel mit Nachtigallen florierte derart, dass vogel- und naturverbundene Landesväter den Fang einschränken wollten. Seit dem Spätmittelalter zunächst per Fangverbot, im 19. Jahrhundert dann, indem sie die Haltung von Nachtigallen besteuerten. Ob die Nachtigall hier exklusiv vor allen anderen Singvögeln per Gesetz geschützt wurde, weil sie in größerem Maße als andere Arten gefangen wurde, oder ob dies aufgrund ihres besonderen Rufes geschah, konnte ich nicht ermitteln. Alfred Hilprecht berichtet in einem Buch über Nachtigall und Sprosser jedenfalls, dass findige Nachtigall-Halter 1849 im brandenburgischen Forst mit der Stadtverwaltung stritten, weil sie ihre Tiere als Sprosser deklarierten, um so der Steuer zu entgehen. Schließlich beschloss die Stadtverordnetenversammlung, »daß der Sprosser, auch Rothvogel oder polnische Nachtigall genannt, ebenfalls eine Nachtigall sei […], wie es z.B. als eine große Lächerlichkeit erachtet werden müsse, wenn man bei einer Verordnung über Pferde die Ponys besonders erwähnen wollte«.

Ob als vorelektrische Musikapparate für den Heimgebrauch oder fragwürdige YouTube-Videostars – Nachtigallen singen auch im Käfig unermüdlich, wenngleich mit Einschränkungen in der Gesangsqualität. Ringelnatz irrte also, der ›Sangestrieb‹ geht der Nachtigall über die ›Freiheitsliebe‹ – Letzteres ohnehin ein fragwürdiges Konstrukt für jede Form von Zoo-, Nutz-, oder privaten Tierhaltungen durch Menschen.

Aber vielleicht kann die Natur am Ende doch zur ›Ehrenrettung‹ der Ringelnatzschen Zeilen herangezogen werden. Wenn das im Gedicht beschriebene Nachtigallmännchen ausgerechnet nach dem Ende der Gesangssaison, Mitte des Sommers, eingefangen wurde, dann könnte das Szenario, genauso wie im Gedicht vorausgesagt, eingetreten sein, denn dann wird kein Pieps mehr gesungen. Oder es wurde ein Weibchen statt eines Männchens gefangen. Die Geschlechter sind ja kaum auseinanderzuhalten. Ein Weibchen würde nicht singen, egal, wie sehr man es bedrohte, kitzelte oder lockte. Am Ende schlägt die Variabilität biologischer Lebenswege der kulturellen Projektion ein Schnippchen.

Die technische Nachtigall –
Notation, Aufzeichnung und Wiedergabe

Die Sehnsucht, den Gesang der Vögel jederzeit verfügbar zu haben, war groß. Was so schön war, weckte Begierden, es zu besitzen. Aber es musste doch Alternativen geben zur Käfighaltung, zumal die ja ihre Tücken hatte!

Die wohl berühmteste »mechanische« Nachtigall gibt es im Märchen. Hans Christian Andersen hat sie erdacht. Er lässt seine Geschichte in China spielen. Mein Eindruck ist, dass bis heute wegen dieses Märchens einige Leute die Nachtigall geographisch vage nach Asien verorten. Dabei gibt es dort keine Nachtigallen. Für das Märchen spielt das aber keine Rolle.

Der wunderschöne Gesang einer Nachtigall im Wald verzückt die Menschen in Andersens China. Schließlich gelangt die Kunde davon an den Hof. Die Nachtigall wird vor den Kaiser geladen. Auch der ist begeistert und so wird die Nachtigall »behalten«, also in einen Käfig gesperrt. Doch sie leidet. Eines Tages schickt der Kaiser von Japan ein Paket. Darin ist eine mechanische Nachtigall. Der Vogel aus Zahnrädern und Metallspulen singt tatsächlich. Zwar nicht so schön wie die echte Nachtigall, dafür aber ein Liedchen, das die Leute gut nachpfeifen können. Vor lauter Begeisterung über den mechanischen Vogel wird der echten Nachtigall so wenig Aufmerksamkeit zuteil, dass sie schließlich entkommen kann. Wenig später geht die mechanische Nachtigall kaputt und muss von nun an geschont werden. Ihr Gesangsmotiv wird von den Menschen im Land weitergeträllert, in der Annahme, dass das den Kaiser ebenso erfreut. Doch der Kaiser wird schließlich sterbenskrank. Der Tod sitzt an seinem Bett und konfrontiert den Kaiser mit seinen schlechten Taten. Da kehrt die echte Nachtigall zurück. Ihr Gesang lässt den Tod weichen und reißt den Kaiser aus seinen finsteren Gedanken. Er gesundet und geht mit der Nachtigall einen Pakt ein – sie wird nachts zu ihm kommen, ihre Lieder vortragen und sogar Neuigkeiten aus dem Reich dabei ausplaudern. Allerdings stellt sie dafür Bedingungen: sie wird nur singen, wenn ihr danach ist. Und niemand soll davon erfahren.

Andersen schrieb das Märchen als Tribut an seine große Liebe Jenny Lind, von der bereits die Rede war. Die als »schwedische Nachtigall« berühmt gewordene Sängerin hatte sich gegen ein Leben mit Andersen und für die Musik entschieden. Entsprechend geht es auch im Märchen um die Freiheit der Kunst oder der Künstlerin.

Doch es wäre zu wenig, »Des Kaisers Nachtigall« auf dieses Motiv zu reduzieren. Andersen bringt ja auch eine technische Imitation der Natur ins Spiel. Die scheint zunächst der echten Nachtigall überlegen, denn das Meisterwerk der Mechanik aus Japan macht die Melodie jederzeit verfügbar. Und dass die Klänge gegenüber dem natürlichen Vorbild nicht ganz so komplex sind, wird von den Leuten ja eher begrüßt. Endlich können sie sie imitieren, ein Gassenhauer entsteht. Oder modern ausgedrückt: die Melodie ging viral.

Warum lässt Andersen sein Märchen eigentlich in China spielen? Seinem Tagebuch ist zu entnehmen, dass er dazu bei einem Besuch im Vergnügungspark Tivoli inspiriert wurde, wo es, dem Geist der Zeit entsprechend, viele chinesische Motive und Dekore zu sehen gab. Es war die Hoch-Zeit der »Chinoiserie«, in der alle Kulturbereiche von chinesischer Kunst, Schrift und Überlieferungen inspiriert waren. Vielleicht hatte er auch davon erfahren, dass bereits Konfuzius Berichte über mechanische singende Vögel zugeschrieben wurden? Dann wäre es gar nicht so absurd, die Handlung an einen alten chinesischen Kaiserhof zu verlegen. Auch in anderen frühen Hochkulturen wurden wohl Versuche zum Bau von mechanischen Vogelzwitscherapparaten unternommen. Eine wirklich traditionsreiche Erfindung also, die vom uralten Bedürfnis zeugt, Vogelgesängen jederzeit lauschen zu können.

Mit fortschreitender mechanischer Raffinesse wurden dann tatsächlich »Zwitscherautomaten« konstruiert, etwa seit Mitte des 18. Jahrhunderts. Die kleinen mechanischen Vögel zierten Schnupftabakdosen, Schmuckdosen und Spieluhren. Dabei bewegten sich ein oder mehrere künstliche, zumeist aus verschiedenen bunten Federn zusammengesetzte kleine Vögel, oft in einem sprichwörtlich goldenen Käfig, zu einer gepfiffenen Melodie. Die Melodien waren teilweise erstaunlich abwechslungsreich. In den kleinen Meisterwerken der Mechanik wurde Luft über einen Blasebalg angesaugt und eine Pfeife zum Klingen gebracht. Durch einen Kolben konnte die Tonhöhe des Pfiffes variiert werden. Die Partitur dafür war auf einer Kurven-Scheibe kodiert. Ein »Abreißer« las davon die Kolbenstellung ab und entlockte der Pfeife so wunderbar frequenzmodulierte Töne. Einige Werkstätten und Familien gelangten mit ihren filigranen Automaten zu weltweitem Ruhm. Es finden sich Hinweise darauf, dass unter den nachvertonten Gesängen auch der der Nachtigall war.

Einen weniger mechanischen, mehr biologisch inspirierten Weg zur Gesangs-Verfügbarkeit schlug der Jesuitenpater Athanasius Kircher 1650 in seiner »Musurgia universalis« ein. Das ist ein gigantisches Kompendium des Wissens über Musik und Töne seiner Zeit. Kircher stellt Erkenntnisse zu Musiktheorie, Phonetik und Hören ebenso dar wie auch zur Stimmbildung bei Tieren. Der Nachtigall widmet er besondere Aufmerksamkeit, denn »da ich der wunderbaren Sangeskraft dieses Vögelchens häufig nicht ohne Bewunderung beigewohnt habe, war es mein größter Wunsch, nicht nur seine weithin berühmten Klauseln in Musiknoten zu übertragen, sondern auch eine anatomische Beschreibung des Vögelchens anzufertigen, damit man so die Ursache für diese herrliche Musik besser erkennen könne«. (Übersetzung von Günter Scheibel). Was folgt, ist die detaillierte Beschreibung der Sektion eines Nachtigall-Stimmapparates. Der ist jedoch, wie Kircher ganz richtig erkennt, denen anderer Singvögel gleich und Kircher folgert, dass also das »Ausmaß der Vielfalt ihrer Stimmen« von den Sehnen herrühren muss, die die Glottis umspannen. Einen Beitrag des Gehirns vermutet er noch nicht. Aber er forscht ja, wohlgemerkt, auch in der Zeit des barocken Absolutismus.

Noch spannender ist der Versuch von Kircher, den Gesang zu vermessen. Um die Dauer der verschiedenen Glottismen, so nennt er die Elemente einer Strophe, zu messen, nutzt er eine gespannte Saite, mit einem Schritt Länge, von der Dicke eines Strohhalms und mit einem Gewicht von einem Pfund gespannt. Er zählt die Durchgänge des Schwingens beim Singen der Nachtigallen, die offensichtlich in seiner Nähe sangen. Mit dieser Methode bestimmt er den Takt der Strophen – für schnelle Trills wären bis zu Vierundsechzigstel-Noten nötig. Kircher ist sehr zufrieden mit seiner Notation der verschiedenen Elementtypen. Er schlussfolgert, dass die Glottis ebenso wie die Saite in einem kurzen Zeitraum fast »unendlich oft schwingt«. Verblüfft und begeistert lese ich von diesem experimentellen Ansatz und seiner vorbildlichen Dokumentation. In seinem Werk stellt Kircher nicht nur die verschiedenen Glottismen in Notenschrift dar. Er hat auch lauter »-ismen« speziell für die verschiedenen Klänge erfunden. Schade fast, dass die sich nicht wissenschaftlich durchgesetzt haben!

In den nächsten Zeilen gibt sich Kircher dann aber wieder ganz als Mann seiner Zeit: »Es spricht für die wunderbare Vorsehung

Gottes, der diesem für die Entspannung des menschlichen Geistes bestimmten Tierchen eine so hohe Stufe der Musikalität zuerkannt hat, daß es nicht nur durch seine Geschwindigkeit bei der Bildung von Klauseln jede musikalische Fertigkeit von Instrumenten übertrifft, sondern auch mit seinem Einfallsreichtum der Anstrengungen aller Musiker spottet.«

Kircher blieb nicht der Einzige, der den Versuch unternahm, Tierlaute und speziell Vogelgesang in Notationen festzuhalten.

Zusätzlich zum Notensatz wurden die Gesänge mitunter mit Sprachsilben unterlegt.

Andere verzichteten auf die Noten und hielten die Sprache für geeignet, Strophen exakt wiederzugeben. Die Version des Naturforschers Johann Matthäus Bechstein, »Das Lied der Nachtigall«, erwähnte ich schon in der Einleitung. In ihrer dadaistischen Anmut sei es hier aber noch einmal in seiner vollen Länge präsentiert.

Tiuu tiuu tiuu tiuu,
Spe tiu zqua
Tio tio tio tio tio tio tio tix
Qutio qutio qutio qutio
Zquo zquo zquo zquo;
Tzü tzü tzü tzü tzü tzü tzü tzü tzü tzi.
Quorror tiu zqua pipiqui.
Zozozozozozozozozozozozozo Zirrhading:
Tsisisi tsisisisisisisi,
Zorre zorre zorre zorre hi;
Tzan, tzan tzan, tzan, tzan, tzan tzan, zi.
Dlo dlo dlo dlo dlo dlo dlo dlo dlo dlo:
Quio tr rrrrrrr itz
Lü lü lü lü ly ly ly ly li li li li *),
Quio didl li lülyli.

Ha gürr gürr quipio
Qui qui qui qui qi qi qi qi gi gi gi gi **)
Goll goll goll goll gia hadadoi.
Quigi horr ha diadiadillsi.
Hezezezezezezezezezezezezezezeze quarrhozehoi,
Quia quia quia quia quia quia quia quia ti:
Qiqi qi io io io ioioioio qi -
Lü ly li le lä la lö lo io quia,
Hi gaigaigaigaigaigaigai gaigaigaigai.
Quior zio zio pi.

*) Diese ziehenden melancholischen Töne wiederholt ein Vogel 32- 50mal.

**) Dies klingt viel schärfer als das Obige.

Obwohl auch Bechstein der Nachtigall recht genau zugehört zu haben scheint – ein nachtigallgleicher Vortrag kommt so nicht zustande.

Schlecht singende Nachtigallen in Käfigen, Gesangsautomaten, Noten, Sprachsilben: es blieb unbefriedigend, den Gesang unabhängig von der Natur verfügbar zu machen. Wie wäre es also mit einer Coverversion? Auf diese geniale Idee kam man ebenfalls schon im 17. Jahrhundert. Dabei wurden Kanarienvögel, die viel einfacher in der Haltung und außerdem viel sangesfreudiger waren als Nachtigallen, gezüchtet. Statt ihrer eigenen Väter wurden aber Nachtigallen als Vorsänger oder Tutoren für die jungen Kanarienhähne eingesetzt. Tatsächlich bauten die Kanarienvögel Nachtigallmotive in ihre Gesänge ein. Die so nachtigallisch singenden Kanarienvögel fanden in ganz Europa Absatz. Bis heute verfolgen einige Züchter:innen den Ansatz.

Um den Nachtigallgesang für die Lehrstunden auch außerhalb der Saison verfügbar zu haben, wurden wiederum mechanische Automaten mit vielen Pfeifen entwickelt, die dann in den Tutorstunden für die jungen Kanarienvögel zum Einsatz kamen.

Statt des echten Nachtigallgesangs also singende Kanarienvögel, die ihren Gesang von einer Gesangsbox gelernt hatten. Es wurde höchste Zeit für Aufnahme- und Wiedergabetechnik!

Angesichts dieser Dringlichkeit verwundert es nicht, dass bereits in den frühen Tagen der Aufnahmetechnik Nachtigallen ins Visier der Mikrofone gerieten. Im Jahr 1900 wurde eine Nachtigall als wohl erster Vogel in freier Wildbahn aufgenommen. Zehn Jahre später kam die erste Aufnahme einer Nachtigall in den Handel. Das war wohl die, die Respighi in seiner Komposition einsetzte.

Diese ersten Versuche, Vogelstimmen mit dem Edison-Phonographen aufzunehmen, kämpften noch mit den Tücken der Technik. Die hohen Töne wurden gar nicht oder nur zu leise wiedergegeben, die tiefen Töne waren von störenden Geräuschen überlagert. Noch hielt sich der Hörgenuss in Grenzen, aber die Anfänge der Freiland-Tontechnik waren gemacht.

Mit dem Fortschreiten der Aufnahmetechnik, vor allem seit Erfindung des Tonbandes, nahm auch die wissenschaftliche Untersuchung von Tierlauten und Vogelgesängen, die Bioakustik, Fahrt auf. Denn parallel zur handlicher werdenden Aufnahmetechnik wurden Verfahren entwickelt, mit deren Hilfe man Tierstimmen analysieren konnte. Vor allem die Entwicklung des Sonagraphen, der ursprünglich für die Untersuchung menschlicher Sprache gedacht war, erlaubte durch die Übersetzung von Hörbarem in Sichtbares endlich die Vermessung der Gesänge!

Der Sonagraph erstellte ein Sonagramm. Heute ist eher die Bezeichnung »Spektrogramm« in Benutzung, beide Begriffe meinen aber das Gleiche. Im Spektrogramm wird die Frequenzverteilung über die Zeit aufgetragen. Die Schwärzung der Strukturen entspricht ihrer Lautstärke. Damit sind alle für den Vogelgesang relevanten akustischen Parameter in einer Abbildung darstellbar und somit auch messbar.

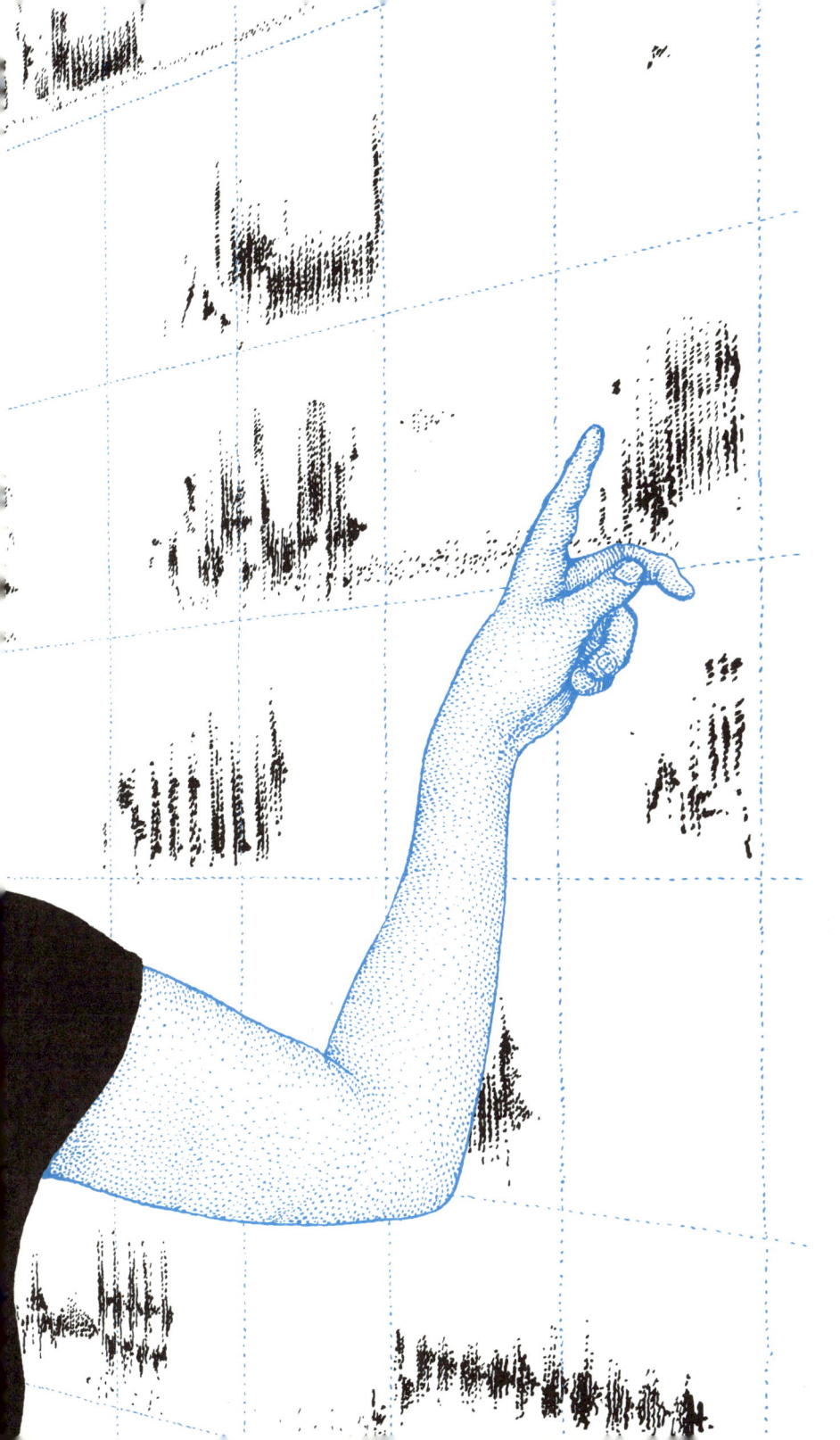

In frühen Versionen konnte mit diesem Verfahren *ein* Spektrogramm von *einer* Nachtigallstrophe auf ein Blatt Papier gedruckt werden, und das dauerte Stunden. Der ganzen Komplexität des Gesangs war daher erst beizukommen, als das Verfahren für die Visualisierung längerer Aufnahmen weiterentwickelt wurde.

Mit einer »Recordine« genannten Maschine wurden die Spektrogramme einer Gesangsaufnahme nun in Größe von Filmstreifen ausgedruckt. So konnte man ganze Stunden Gesang an eine Wand pinnen. Als ich den Gesang der Nachtigall im Biologiestudium kennenlernte, war das Berliner Institut für Verhaltensbiologie noch überall mit diesen Streifen »dekoriert«. Das Aufrollen der langen gefilmten Gesangssequenzen beendete quasi-rituell jede Gesangsanalyse und ließ Zeit, über die Erkenntnisse zu reflektieren.

Inzwischen werden die Aufnahmen ebenso wie die Analysen digital durchgeführt, selbst Ausdrucke sind nicht mehr nötig. Die Aufnahmen füllen nicht mehr Archivschränke, sondern Festplatten. Seit kurzem ist es sogar möglich, winzige Mikrofone direkt am Vogel anzubringen, so dass dessen komplettes Gesangsœuvre à la »Big brother« abgehört werden kann. Dass wir immer noch so weit davon entfernt sind, Nachtigallisch wirklich zu verstehen, liegt also nicht an einem Mangel an Aufnahmen, sondern an mangelnden Analysen.

Ein Ausruf, den ich angesichts von Kartons voller Tonbänder oder Festplatten voller langer Gesangsaufnahmen vielfach vernommen habe, hat immer noch volle Gültigkeit: »Wer soll das denn alles auswerten?!« Der Traum von der Konservierung des Vergänglichen hat sich jedenfalls erfüllt. Innerhalb nur eines Jahrhunderts hat sich der Mangel an Aufnahmen in einen Überfluss verwandelt.

Finale

Dass Nachtigallmännchen nicht nur singen, sondern auch ein reiches Repertoire an Rufen für alle Lebenslagen besitzen, wurde nur am Rande erwähnt. Dabei wäre das nun endlich einmal ein Thema, bei dem auch die Damen Nachtigall eine Stimme haben. Aber der Ruhm der Nachtigall gründet nun einmal auf ihrem bzw. seinem (!) Gesang, nicht auf den Rufen. Im Gegenteil, die schmeicheln dem menschlichen Ohr kaum, wie der frühe Bioakustiker Cornel Schmitt zu berichten weiß: »Und doch kann sie ein außerordentlich häßliches Geräusch erzeugen, wenn sie einem menschlichen Beobachter zu verstehen geben will: ›Troll dich weiter, du bist mir lästig!‹ Ich war, als ich diesen häßlichen Warnruf zum erstenmal hörte, sprachlos…«

Auch kulturell sind die Tiefen des Nachtigallkultes längst nicht ausgelotet. Es fehlt etwa die Legende von den Nachtigallzungen als Delikatesse auf den Tafeln römischer Kaiser. Sie wird zwar von einigen historischen Quellen gestützt, aber vieles spricht dafür, dass es sich um Übertreibungen der Biographen handelt. Auch die Trappserei der Nachtigall im Berliner Sprichwort ist außen vor geblieben. Stellvertretend für alle anderen nicht besprochenen Facetten soll ein Nachtigall-Werk der bildenden Kunst das Vogelportrait abschließen.

Von Max Ernst gibt es ein wunderbares Werk mit einem Titel, der aufhorchen lässt: »Zwei Kinder werden von einer Nachtigall bedroht«. Das Bild zeigt allerdings nicht, was seine Beschriftung erwarten lässt. In der surrealen Traumszene regiert das Grauen: Ein Junge wird von einem Mann über einen Dachgiebel davongetragen. Ein anderes Kind liegt am Boden – vielleicht tot? Eine Frau im Hintergrund erhebt mit grauenvoll verzerrtem Antlitz ein Messer in den Himmel. Dort oben fliegt ein kleiner Vogel. Die Vorgeschichte und der Fortgang der Szene finden im Kopf der Träumer:in oder der Betrachter:in des Bildes statt. Schlägt die Nachtigall nach all den Jahrhunderten geduldig getragener Zuschreibungen und Ausdeutungen nun racheengelgleich zurück? Oder ist es gar nicht die reale Nachtigall, die die Kinder bedroht? Aber was ist es dann? Ich mag dieses Bild, und die vielfältigen Interpretationsmöglichkeiten bildender Kunst erinnern mich immer an die mannigfaltigen Ausdeutungen des Nachtigallgesangs: jede:r sieht beziehungsweise hört etwas anderes darin.

Warum wurde die Nachtigall eine so einladende Projektionsfläche für menschliche Sehnsüchte? Aus den in diesem Buch zusammengetragenen Erkenntnissen und Anekdoten hätte ich folgende Empfehlungen für jede Vogel- oder überhaupt Tierart, die einen ähnlichen Kultstatus anstrebt: Man sollte sich saisonal rarmachen und seine Kunst nur während einer kurzen Zeit des Jahres zum Besten geben. Möglichst dann, wenn milde Temperaturen und sprießendes Grün zum Verweilen draußen einladen. Und wo wir schon dabei sind: Es empfiehlt sich sehr, nachts zu musizieren. Die wunderschönen vielstimmigen Gesänge anderer Vogelarten im Morgenchorus werden ja doch von 95 Prozent aller Menschen verschlafen. Aber nachts, wenn die Verliebten durch die laue Frühlingsluft schlendern? Da hat man gute Karten, sich mit seinem Soundtrack beliebt zu machen. Entsprechend sollte der Gesang dem menschlichen Ohr schmeicheln und als Vertonung von Flirtgeflüster und ersten Annäherungsversuchen tauglich sein. Die Quelle der wunderbaren Töne sollte am besten unsichtbar tief im Gebüsch verborgen bleiben.

Mit Sicherheit schert sich die Nachtigall keinen Deut um ihren Status in der Kultur. Und auch die Details der Erforschung ihres Gesangs würden ihr keinen Ruf oder kein Ströphchen der Zustimmung entlocken. Selbst das bleibt unserer Deutungshoheit überlassen. Sehen wir also zu, dass sich der für uns so wichtig gewordene Vogel weiter in unseren Landschaften wohlfühlt, dass wir die Gefahren des Zuges von und nach Afrika ebenso minimieren wie die Aufräumwut in den städtischen Parks und privaten Kleingärten. Sorgen wir uns darum, dass wir Landschaften voller Insekten erhalten, mit diversen Buschformationen zum Brüten. Nicht nur der kleine braune Vogel mit dem bezaubernden Gesang wird es uns danken.

NACHWORT

Anmerkung: die ethische Note

Es schiene mir weder überraschend noch unpassend, wenn Leser:innen angesichts der in diesem Buch geschilderten Prozeduren zum Erkenntnisgewinn die Stirn runzelten. Wie lässt sich all das mit dem Wohl der Tiere und ihrem Schutz zusammenbringen? Zumal im Buch ja mit ausgestrecktem Zeigefinger auf Vogeljäger:innen oder auf fragwürdige Haltungsmethoden von vermeintlichen Vogelliebhaber:innen gezeigt wurde. Nehmen wir etwa das Anschnallen eines wenige Gramm schweren Geolokators. Umgerechnet wäre das für einen Menschen immerhin ein etwa drei bis vier Kilogramm schwerer Rucksack. Zweifellos tragbar, aber für ein ganzes Jahr? Und das für einen Langstreckenzieher, der für den Zug jedes Gramm Körpergewicht optimiert? Auch das Anbringen von Sendern, die Blutentnahme zu hormonellen oder genetischen Untersuchungen oder auch einfach das Vermessen der Vögel ist hier mit zu verhandeln.

Meine Forschungsjahre mit der Nachtigall waren von solchen Fragen begleitet. Etwa als es darum ging, Individuen mit Farbringen zu markieren. Während einige Forscherkolleg:innen so viele Ringe wie möglich und erlaubt – gern vier – an den Nachtigallbeinen verteilen wollten, einfach, damit auf Jahre hinaus die möglichen Farbkombinationen nicht ausgehen, waren andere Kolleg:innen höchst besorgt, ob die Ringe die Vögel nicht behindern würden, und fanden, dass es doch so wenige wie möglich sein sollten. In einem anderen Projekt nahmen wir Nachtigallen Blut für Hormonproben ab. Einige im Team, inklusive mir, taten sich damit schwer. Das Mitgefühl mit den Nachtigallen in der Hand war so groß, dass wir versuchten, am untersten Minimum der benötigten Blutmenge zu bleiben. Mit der Folge, dass einige Proben gar nicht mehr auswertbar waren. So hatten die Vögel die Prozedur völlig umsonst über sich ergehen lassen.

Mit dieser Art von Konflikten sind Nachtigallforscher:innen selbstverständlich nicht allein. Jede:r, der mit Tieren forscht, muss sich dem Dilemma stellen, wie viel Tierleid er oder sie für die Beantwortung von Forschungsfragen in Kauf nimmt. Das ist eine ähnlich aktive Entscheidung wie die für eine vegetarische oder vegane Ernährung. Tierforscher:in muss man nicht werden. Wenn man es ist, ergibt sich eine moralische Verpflichtung zur Reflexion des eigenen Tuns und der Gepflogenheiten der Wissenschaft. Da es aber mit der Verbindlichkeit moralischer Verpflichtungen nicht zwingend weit her ist, gibt es auch Gesetze und Verordnungen, die das Durchführen von Tierversuchen zum Zweck wissenschaftlichen Erkenntnisgewinns regeln. In Deutschland ist das in erster Linie das Tierschutzgesetz. Es verpflichtet jede:n, seine oder ihre Pläne zur Forschung an Tieren auf eine Weise darzulegen, die auch fachfremden Forschungslaien eine Beurteilung des geplanten Vorgehens ermöglicht. Dazu gehören detaillierte theoretische und methodische Ausführungen, ethische Abschätzungen sowie die genaue Planung, wie viele Tiere beforscht werden und welche Personen in welchen Rollen an der Forschung beteiligt sind. Die entsprechenden Verordnungen wurden vor allem mit Sicht auf Versuche an Labortieren formuliert, was uns als Freilandforscher:innen mitunter herausforderte. Viele Forschungsfragen zum Tierverhalten lassen sich nun einmal nur im ökologischen Kontext und am lebenden Tier klären.

Dank

Der Lesbarkeit zuliebe habe ich in diesem Buch auf Fußnoten verzichtet. Falls jemand die Originalstudien, auf die ich Bezug nehme, zu Rate ziehen mag, sei auf das Literaturverzeichnis verwiesen. Einige Beiträge seien ausdrücklich gewürdigt:

Die Berliner Nachtigallen wurden beringt und vermessen von Roger Mundry und Tina Sommer, Kim Mortega, Sarah Kiefer, Michael Weiß und Conny Landgraf. Viele der Erkenntnisse zum Gesang der Nachtigall entstanden im Rahmen eines Langzeit-Forschungsprojekts in Berlin und Golm (bei Potsdam) während meiner Juniorprofessur an der Freien Universität Berlin. Sarah Kiefer studierte die Unterschiede im Gesang von ein- und mehrjährigen Vögeln in allen Details. Conny Landgraf verdanken wir Erkenntnisse zu Vaterschaften und Beiträgen der Väter zum Brutgeschäft sowie zu Gesangspräferenzen der Weibchen. Michael Weiß etablierte die digitale Strophenerkennung. Er nutzte sie zum Beispiel zur Beschreibung von Gesangssequenzen mittels Netzwerkanalyse und arbeitete zu Dialekten im Nachtigallgesang sowie zum Zusammenhang zwischen Gesang und Männchen-Eigenschaften. Zeitgleich erforschte ein Team um Valentin Amrhein Aspekte des Nachtigallgesangs in der Petite Camargue in Frankreich. Mit ihm sowie Philipp Sprau, Hansjörg Kunc und Rouven Schmidt standen wir vielfach in wissenschaftlichem Austausch. Ein internationales Forscherteam um Steffen Hahn von der Schweizer Vogelwarte Sempach stellte mittels Isotopenanalyse und Geolokatoren fest, wo sich die mitteleuropäischen Nachtigallen im Winter aufhalten. Die Forscherfreunde Leonida Fusani und Wolfgang Goymann studierten auf der Mittelmeerinsel Ponza die hormonelle Regulation des Vogelzugs unter natürlichen Bedingungen, zuletzt beschrieben sie die Rolle des Ghrelin. Henrik Brumm erforschte, ob und wie Nachtigallen ihre Lautstärken variieren. In einer Reihe von Experimenten zeigte er, welche Tricks und Kniffe sie parat haben, wenn es um sie herum lauter wird. Die Berliner Nachtigallforschung wurde von Dietmar Todt und Henrike Hultsch begründet. Sie erforschten das Gesangslernen ebenso wie den Einsatz des Gesangs in lauen Frühlingsnächten. Nicole Geberzahn trat in ihre Fußstapfen, indem sie Details des Gesangslernens unter experimentellen Bedingungen erforschte. Sie beschrieb zum Beispiel das Vorhandensein von »stillen Strophen«: gelernt, aber nicht gesungen. Der sehr gut vernetzte Ornithologe Clive Barlow aus Gambia nahm dort systematisch die Gesänge von Nachtigallen in ihren Überwinterungsgebieten auf und ermöglichte so die erste Studie zu Gesangsunterschieden zwischen den beiden Lebensmittelpunkten der Nachtigall. Gemeinsam mit Michael Lierz und seiner Arbeitsgruppe gingen wir der Frage nach, ob und wie Parasiten und Infektionen den Gesang beeinflussen können. Der begeisterte Brandenburger Ornithologe Joachim Becker hat quasi im Alleingang und aus naturwissenschaftlicher Neugier Tausende Nachtigallen und Sprosser in einem Untersuchungsgebiet bei Frankfurt (Oder) an der deutsch-polnischen Grenze beringt und ihr Verhalten dokumentiert. Die genetischen Hintergründe der Sprosser-Nachtigall-Verpaarungen und die Rolle des Gesangs dabei erforschten wir zusammen mit Kolleg:innen von der Karls-Universität Prag unter Federführung von Tereza Petrusková.

Ich verdanke meine wissenschaftliche Sozialisation Henrike Hultsch und Dietmar Todt. Sie haben mir die Nachtigall als Thema und Forschungssubjekt nahegebracht, und noch viel mehr: sie teilten großzügig ihre Erfahrungen, Einsichten und Fehlversuche, über das Gesangssystem der Nachtigall ebenso wie über Tierverhalten und Leben im weitesten und schönsten Sinn.

Viele Kolleg:innen und Student:innen haben das Nachtigall-Forschungsabenteuer geteilt. Es entwickelten sich Freundschaften, manche überstanden Jahre und Entfernungen. Special thanks to Monica Carlson, Nicole Geberzahn, Conny Landgraf, Iris Adam, Adrienne Bienasch, Ulrike Barnett, Sarah Kiefer, Philipp Sprau, Tina Teutscher, Michael Weiß und Anselm Weidner. R.I.P.: Mariam Honarmand und Tobias Rahde. Angesiedelt war unsere Gruppe bei der AG Verhaltensbiologie von Constance Scharff an der Freien Universität Berlin, inklusive vielfacher Unterstützung und anregendem wissenschaftlichen Austausch. Immer interessant war die Zusammenarbeit und der Austausch mit den Fachkolleg:innen Tereza Petrusková, Horst Simon, Henrik Brumm, Wolfgang Goymann, Valentin Amrhein, Marc Naguib, Peter Klopfer, Susan Peters, Steve Nowicki, Cord Riechelmann, Lars Schrader, Jörg Böhner, Ursula Dawo und Harald Luksch.

Ein großer Dank gilt meiner Agentin Nina Sillem, ohne die die Kapitel einfach nicht aus dem Kopf auf das Papier gekommen wären. Bei fachlichen Details halfen mir unter anderem Miia Novak, Dimitiris Zickos, Alexis Devulder und Detlef Knick. Axel Novak, Jörg Ketteler und Michael Weiß waren Erstleser. Ich danke Katharina Dittes vom Insel Verlag für ein sehr sorgfältiges und konstruktives Lektorat, das dem Text mannigfach zugutekam.

Das Schwierigste am Schreiben dieses Buches war nicht das Schreiben, sondern das Zeitfinden dafür. Ohne Geduld, Ermunterung und Nachsicht wäre das nicht gegangen. Dafür sei der kleinen AdMi Familie gedankt, und ebenso allen meinen Eltern und der großen Familie, den Freunden der Gruppe »Ex-Figl«, den Landweg-Kolleg:innen und -Kindern und allen Freund:innen! Was wäre das Leben ohne euch!

QUELLEN

Nachweis der verwendeten Zitate:

Das Zitat auf Seite 9 stammt aus: Bechstein, J.M., Naturgeschichte der Hof- und Stubenvögel: Anleitung zur Kenntniß, Wartung, Zähmung, Fortpflanzung und zum Fang derjenigen in- und ausländischen Vögel, welche man in der Stube, im Hause, Garten, oder auf dem Hofe halten kann. Verlag Keil, Leipzig 1870, S. 173

Das Zitat auf Seite 26 stammt aus: Kluge, F., Etymologisches Wörterbuch der deutschen Sprache. Verlag K.J. Trübner, Straßburg 1882, S. 235.

Das Zitat auf Seite 115 stammt aus: Bolton, J. (1792). Harmonia ruralis, or, An essay towards a natural history of British song birds : illustrated with figures the size of life, of the birds, male and female, in their most natural attitudes. London: printed and sold by the author, S. 52

Das Zitat auf Seite 116 stammt aus: Johann Wolfgang von Goethe, „Ländlich", in: Johann Wolfgang von Goethe: Berliner Ausgabe. Poetische Werke [Band 1-16], Band 1, Berlin 1960 ff, S. 579

Das Zitat auf Seite 117 stammt aus: Heinrich Bone, Gedichte, Verlag Schreiner, Düsseldorf 1838, S. 28

Das Zitat auf Seite 117f. stammt aus: Heinrich Bone, Gedichte, Verlag Schreiner, Düsseldorf 1838, S. 23

Das Zitat auf Seite 118 stammt aus: Levin Schücking, Gedichte, J.G. Cotta'scher Verlag, Stuttgart und Tübingen 1846, S. 215

Das Zitat auf Seite 119f. stammt aus: Annette von Droste-Hülshoff, Letzte Gaben. Nachgelassene Blätter. Hrsg. v. Levin Schücking. Verlag Rümpler, Hannover 1860, S. 140

Das Zitat auf Seite 121 stammt aus: Heinrich Heine, Werke und Briefe in zehn Bänden. Band 1, Berlin und Weimar 1972, S. 221

Das Zitat auf Seite 121f. stammt aus: Shakespeare, W., Romeo und Julia, in der Übersetzung von August Wilhelm Schlegel, in: Shakespeare, Tragödien. Verlag Neues Leben Berlin 1988, S. 138 (dritter Aufzug, fünfte Szene).

Das Zitat auf Seite 122 stammt aus: John Keats, Gedichte. Übersetzt von Gisela Etzel, Sammlung Hofenberg, Verlag der Contumax GmbH & Co. KG, Berlin 2016, S. 12

Das Zitat auf Seite 123 stammt aus: Joachim Ringelnatz, »›Oh‹, rief ein Glas Burgunder«, in: Joachim Ringelnatz: Das Gesamtwerk in sieben Bänden. Band 1: Gedichte, Zürich 1994, S. 80-81

Das Zitat auf Seite 123 stammt aus: Kaléko, M., Sämtliche Werke und Briefe. Band I: Werke, herausgegeben von Jutta Rosenkranz, dtv München 2012, S. 197

Das Zitat auf Seite 123 stammt aus: Christian Morgenstern, Auf vielen Wegen. Gedichte. Schuster & Loeffler, Berlin 1897, S. 125

Das Zitat auf Seite 126 stammt aus: Lewis, M. und Clark, W., Tagebuch der ersten Expedition zu den Quellen des Missouri, sodann über die Rocky Mountains zur Mündung des Columbia in den Pazifik und zurück, vollbracht in den Jahren 1804-1806. Ausgewählt, übersetzt und herausgegeben von Friedhelm Rathjen. Zweitausendeins 2003, S. 20

Das Zitat auf Seite 128 stammt aus: Gerlach. R., Die Gefiederten. Eine Galerie quicker Vögel, Claassen & Coverts, Hamburg 1946, S. 32

Das Zitat auf Seite 131 stammt aus: Hanslick, E., Vom musikalisch Schönen. R. Weigel, Leipzig 1854, S. 89

Das Zitat auf Seite 138 stammt aus: Joachim Ringelnatz, Der Nachlaß, Berlin 1935, Rowohlt Verlag, S. 14

Das Zitat auf Seite 140f. stammt aus: Brehm, A. E., Gefangene Vögel Ein Hand und Lehrbuch für Liebhaber und Pfleger einheimischer und fremdländischer Käfigvögel, C F Winter'sche Verlagsbuchhandlung, Leipzig und Heidelberg 1876, S.24

Das Zitat auf Seite 141 stammt aus: Hilprecht, A., Nachtigall und Sprosser, Die Neue Brehm-Bücherei, A. Ziemsen Verlag, Wittenberg Lutherstadt 1965, S. 86

Die Zitate auf Seite 145 f. stammen aus: Athanasius Kircher, Rom, in der Druckerei der Erben des Franciscus Corbelletti. 1650. Musurgia universalis Oder: Grosse Kunst der Konsonanz und Dissonanz. Übersetzung von Günter Scheibel. Ein Kooperationsprojekt des Deutschen Historischen Instituts (Rom) mit der Hochschule für Musik und Theater (Leipzig). Zu finden online: https://www.hmt-leipzig.de/home/fachrichtungen/institut-fuer-musik wissenschaft/forschung/musurgia-universalis/volltextseite

Das Zitat auf Seite 153 stammt aus: Schmitt, C., Die Stimme der Natur. Datterer, Freising 1932, S. 21. Zu finden auch online: https://soundandscience.de/ text/die-stimme-der-natur

WEITERE QUELLEN

Biologie

Bartsch, C., Hultsch, H., Scharff, C., & Kipper, S. (2015). What is the whistle all about? A study on whistle songs, related male characteristics, and female song preferences in common nightingales. J Orn 157: 49-60.

Bartsch, C., Weiss, M., & Kipper, S. (2015). Multiple song features are related to paternal effort in Common nightingales. BMC Evol Biol 15: 115.

Bartsch, C., Weiss, M. & Kipper, S. (2012). The return of the intruder: long-term effects of playbacks from different distances in a territorial songbird. Ethology 118: 876-884.

Bartsch, C., Wenchel, R., Kaiser, A. & Kipper, S. (2014). Singing onstage: Female and male Common nightingales eavesdrop on song type matching. Behav Ecol Sociobiol 68: 1163-1171.

Bauchinger, U. & Biebach, H. (2006). Transition between moult and migration in a long-distance migratory passerine: Organ flexibility in the African wintering area. J Ornithol 147: 266-273. Becker, J. (2007). Nachtigallen Luscinia megarhynchos, Sprosser L. luscinia und ihre Hybriden im Raum Frankfurt (Oder) – weitere Ergebnisse einer langjährigen Beringungsstudie. Vogelwarte 45: 15-26.

Fischer, L., Möller Palau-Ribes, F., Kipper, S., Weiss, M., Landgraf, C. & Lierz, M.. Absence of Mycoplasma spp. in nightingales and blue) and great tits in Germany and its potential implication for evolutionary studies in birds, Eur J Wilde Res 68: 2.

Geberzahn, N. (2003). Is quantity of song type use in adult birds related to singing during development? Behaviour 140: 593-602.

Geberzahn, N. & Hultsch, H. (2003). Long-time storage of song types in birds: evidence from interactive playbacks. P Roy Soc B-Biol Sci 270: 1085-1090.

Geberzahn, N., Hultsch, H. & Todt, D. (2002). Latent song type memories are accessible through auditory stimulation in a hand-reared songbird. Anim Behav 64: 783-790.

Glutz von Blotzheim, U. & Bauer, K. (1988). Handbuch der Vögel Mitteleuropas. Bd. 11. Aula, Wiesbaden, Germany.

Goymann, W., Lupi, S., Haiya, H., Cardinale, M. & Fusani, L. (2017). Ghrelin regulates migratory decisions in birds. PNAS 114: 1946-1951.

Hahn, S., Amrhein, V., Zehtindijev, P. & Liechti, F. (2013). Strong migratory connectivity and seasonally shifting isotopic niches in geographically separated populations of a long-distance migrating songbird. Oecologia 173: 1217-1225.

Hahn, S., Emmenegger, T., Lisovski, S., Amrhein, V., Zehtindijev, P. Liechti, F. (2014). Variable detours in long-distance migration across ecological barriers and their relation to habitat availability at ground. Ecol Evol 4: 4150-4160.

Hultsch, H. (1993). Tracing the memory mechanisms in the song acquisition of nightingales. Neth J Zool 43: 155-171.

Hultsch, H. & Todt, D. (1982). Temporal performance roles during vocal interactions in nightingales (Luscinia megarhynchos B.). Behav Ecol Sociobiol 11: 253-260.

Hultsch, H. & Todt, D. (2008). Comparative aspects of song learning. In: Zeigler HP, Marler P (eds) Neuroscience of birdsong. Cambridge University Press, Cambridge, 204-216.

Kiefer, S., Scharff, C. & Kipper, S. (2011). Does age matter in song bird vocal interactions? Results from interactive playback experiments. Frontiers Zool 8: 29.

Kiefer, S., Scharff, C., Hultsch, H. & Kipper, S. (2014). Learn it now, sing it later? Field and laboratory studies on song repertoire acquisition and song use in nightingales. Naturwissensch 101: 955-963.

Kiefer, S., Sommer, C., Scharff, C. & Kipper S. (2010). Singing the popular songs? Nightingales share more song types with their breeding population in their second season than in their first. Ethology 116: 619-626.

Kiefer, S., Sommer, C., Scharff, C., Kipper*, S. & Mundry*, R. (2009). Tuning towards tomorrow? Common nightingales Luscinia megarhynchos change and increase their song repertoires from the first to the second breeding season. J Avian Biol 40: 231-236. * Authors contributed equally.

Kiefer, S., Spiess, A., Kipper, S., Mundry, R., Sommer, C., Hultsch, H. & Todt, D. (2006). First year Common nightingales (Luscinia megarhynchos) have smaller song-repertoire sizes than older males. Ethology 112: 1217-1224.

Kipper, S. (2011). Der Nachtigall-Sängerstreit – Wie Forschung zum Vogelgesang hilft, die Evolution zu verstehen. Praxis d Naturwiss – Biologie in der Schule 4/60: 25-33.

Kipper, S. & Kiefer, S. (2010). Age-related changes in bird's singing styles: on fresh tunes and fading voices? Adv Study Behav 41: 77-118.

Kipper, S., Kiefer, S., Bartsch, C. & Weiss, M. (2014). Female calling? Song responses to conspecific call playbacks in nightingales (Luscinia megarhynchos). Anim Behav 100: 60-66.

Kipper, S., Mundry, R., Hultsch, H. & Todt, D. (2004). Long-term persistence of song performance rules in nightingales (Luscinia megarhynchos): A longitudinal field study on repertoire size and composition. Behaviour 141: 371-390.

Kipper, S., Mundry, R., Sommer, C., Hultsch, H. & Todt, D. (2006). Larger nightingales (Luscinia megarhynchos) have larger song repertoires and arrive earlier on their breeding grounds. Anim Behav 71: 211-217.

Kipper, S., Sellar, P., & Barlow, C. (2017). The diurnal song of Common nightingales (Luscinia megarhynchos) during the non-breeding period in The Gambia, West-Africa compared to song during the European breeding-season. J Ornithol 158: 223-231.

Kunc, H., Amrhein, V. & Naguib, M. (2007). Vocal interactions in common nightingales (Luscinia megarhynchos): males take it easy after pairing. Behav Ecol Sociobiol 61: 557-563.

Landgraf, C., Wilhelm, K., Wirth, J., Weiss, M. & Kipper, S. (2017). Affairs happen – to whom? A study on extrapair paternity in common nightingales. Current Zool 2017 zox024.

Naguib, M. & Kipper, S. (2006). Effects of different levels of song overlapping on singing behaviour in male territorial nightingales. Behav Ecol Sociobiol 59: 419-426.

Naguib, M., Kunc, H., Sprau, P., Roth, T. & Amrhein, V. (2011). Communication networks and spatial ecology in nightingales. Adv Study Behav 43: 239-271.

Peters, S., Searcy, W.A. & Nowicki, S. (2014). Developmental Stress, Song-Learning, and Cognition. Int Comp Biol 54:555-567.

Scharff, C. & Adam, I. (2013). Neurogenetics of birdsong. Curr Opin Neurobiol 23: 29-36

Sprau, P., Roth, T., Amrhein, V. & Naguib, M. (2013). The predictive value of trill performance in a large repertoire songbird, the nightingale Luscinia megarhynchos. J Avian Biol 44: 567-574.

Todt, D. (1971). Äquivalente und konvalente gesangliche Reaktionen einer extrem regelmäßig singenden Nachtigall (Luscinia megarhynchos). Z. Vergl. Tierpsychol. 71: 262-285.

Todt, D. & Geberzahn, N. (2003). Age-dependent effects of song exposure: song crystallization sets a boundary between fast and delayed vocal imitation. Anim Behav 65: 971-979.

Todt, D. & Hultsch, H. (1998). How songbirds deal with large amounts of serial information: retrieval rules suggest a hierarchical song memory. Biol Cybern 79: 487-500.

Todt, D. & Naguib, M. (2000). Vocal interactions in birds: the use of song as a model in communication. Adv Study Behav 29: 247-296.

Vokurkova, J., Petrusková, T., Reifova, R., Kozman, A., Morkovsky, L., Kipper, S., Weiss, M., Reif, J., Dolata, P.T. & Petrusek, A. (2013). The causes and evolutionary consequences of mixed singing in two hybridizing songbird species (Luscinia spp.) PLoS ONE 8: e60172.

Weiss, M., Hultsch, H., Adam, I., Scharff, C. & Kipper, S. (2014). The use of network analysis to study complex animal communication systems: A study on nightingale song. Proc Royal Soc B. 281.1785 (2014): 20140460.

Weiss, M., Kiefer, S. & Kipper, S. (2012). Buzzwords' in females ears? The use of buzz songs in the communication of nightingales (Luscinia megarhynchos). PLoS ONE 7(9): e45057.

Kultur, Historie, Rezeption

Ackermann, T., Kipper, S., Simon, H.J. (2015). Wenn Bert und Busstop balzen… – Tiernamen in verhaltensbiologischer Forschung. Beiträge zur Namensforschung, Universitätsverlag Winter, Heidelberg

Andersen, H.C. (2015). Sämtliche Märchen. Übersetzt von Thyra Dohrenburg. Albatros Verlag

Fehringer, O. (1946). Die Nachtigall. Ein Vogel in seiner Welt, erschienen in der Reihe »Probleme des Lebens. Sammlung naturwissenschaftlicher Kleinbücher«. Verlag Wilhelm Burger Mannheim 1946.

Willkomm, J. (2013). Die Technik gibt den Ton an. Zur auditiven Medienkultur der Bioakustik., in: Volmar, A. & Schröter, J. (ed.): Auditive Medienkulturen. Techniken des Hörens und Praktiken der Klanggestaltung. transcript Verlag, Bielefeld.

Youens, S. (1996). ›Franz Schubert: The Prince of Song‹, in: German Lieder in the Nineteenth Century, ed. Rufus Hallmark. New York: Schirmer Books, 1996: S. 52